科普知识大百科·生活百科卷

育儿百科

本书编委会　编

《科普知识大百科·生活百科卷》
编审委员会

本书编委会

序

科学普及和科技创新，犹如“车之两轮，鸟之双翼”，两者相互促进，相互影响，缺一不可。习近平总书记强调，科学普及的重要性不亚于科技创新，要把抓科普工作与抓科技创新放在同等重要的位置。据中国科协组织的公民科学素质调查显示，我国具备基本科学素质公民的比例从2005年的1.60%提高到了2010年的3.27%。2013年12省市抽样调查结果显示，我国公民的科学素质整体水平达到了4.48%，2015年全国水平将超过5%。“十三五”全民科学素质工作的主要目标就是实现2020年我国公民具备基本科学素质的比例达到10%，为实施创新驱动发展战略、全面建成小康社会提供有力支撑，要实现这一目标，科普工作依然任重道远。

科协是科普工作的主要社会力量，在公民科学素质建设中发挥着牵头引领作用。多年以来，濮阳市科协积极履行科普职责，丰富科普内容，创新科普手段，广泛开展群众性、社会性、经常性科普活动，打造了基层科普行动计划、龙都科普大讲堂、8800110科技服务热线等品牌科普活动，树立了科协组织鲜明的社会形象。《科普知识大百科——生活百科卷》

是濮阳市科协拓展和深化科普工作的一项最新成果，将在科学与公众之间搭起一座桥梁，让科技知识与广大公众的生活更加密切地结合起来。

《科普知识大百科——生活百科卷》包括生活休闲、居家常识、交通出行、应急避险、健康饮食、育儿百科等6个分册，分层次详细介绍了各领域常见问题，提出了有针对性的应对办法。该丛书非常注重受众需求，采用了方便携带的口袋书形式，内容注重与公众关注的热点结合，语言幽默风趣、通俗易懂，融知识性、趣味性和可读性为一体，为公众科学健康生活提供了有益的参考。

值此《科普知识大百科——生活百科卷》面试之际，谨向濮阳市科协表示祝贺！相信该书的出版发行，将为濮阳市科协科普工作谱写新的篇章，为提供公民科学素质注入新的动力。希望濮阳市科协一如既往，再接再厉，为推动新时期河南科普工作创新发展作出更大贡献！

2015年8月

目 录

第一章 安全篇

第二章　穿戴篇

第三章　健康护理及疾病预防篇

第四章　睡眠篇

第五章　体格、智力发育篇

第六章 喂养篇

第一章 安全篇

怎样预防宝宝洗澡时发生意外?

7~9 个月的宝宝已能很好地独坐了，两手抓握物品也较为灵活。这时有的家长因一时疏忽，让宝宝单独坐在浴盆中，而发生意外伤害，轻者碰伤皮肤，重者发生呛水甚至溺死于浴盆中。

在给宝宝洗澡时，大人一刻也不能离开。最好用宝宝浴盆给宝宝洗澡，先将浴盆中的水温调节好，一定要先加凉水后加热水，在洗澡过程中如需添加热水，一定先将宝宝抱出后再加。

为防止宝宝在浴盆中滑倒，可在盆底放一块大毛巾防滑。

在洗澡过程中，大人始终用手抓住宝宝，以便在宝宝滑倒时能及时扶住。

洗澡后将宝宝抱出水面时，最好用一条大毛巾将宝宝裹紧，既可保暖，又可防止身体太滑失手跌伤宝宝。

洗澡时用的肥皂、洗发精等，要慎重选择，最好是用中性、刺激性小的清洗剂，尤其是洗发精，要选用对眼睛无刺激性的，尽量不要将肥皂、洗发精弄到眼中，否则会因刺激造成宝宝惧怕洗澡。

洗澡方法、方式很重要，要想尽各种方法，使宝宝把洗澡当作一次愉快游戏，这样大人给宝宝洗澡就容易多了。

2 怎样预防宝宝玩耍时发生意外?

随着宝宝运动能力的增强，活动范围的扩大，发生意外的可能性也随之增加。为此，在日常生活照料上要注意以下几点：

(1)给宝宝创造在地上爬的场地。把宝宝放在床上或者儿童车上常常发生坠床或翻车意外，轻则受伤、骨折，重则颅脑损伤，甚至危及生命。

(2)在宝宝活动区周围不要放热水瓶、花盆、热饭锅、电器插座，桌子不可铺桌布，以免宝宝拉桌布的一角拉下桌上的物品砸伤自己。

(3)活动区内打扫干净，不要有尖锐的物品、药品、杀虫剂，以免误伤误服；不要放瓜子、花生、糖球、硬币、烟头等，以免宝宝误服引起窒息。

(4)宝宝的床栏要高于 70cm，宝宝在床上必须拴牢栏杆。床内不可放大型玩具，以免宝宝在大型玩具上翻出床栏。

（5）不可将塑料袋给宝宝玩耍，以免套在头上引起窒息。

3　宝宝烫伤如何处理？

宝宝烫伤是很常见的，尤其是夏季天热，皮肤暴露在外的机会较多，家长在看护时稍有疏忽，就容易发生烫伤意外。宝宝皮肤薄嫩，烫伤的程度要比成人严重得多，轻则留疤，重则可能危及生命。

烫伤发生后，现场急救非常重要，关键的是要抢时间，这关系到烫伤的预后。

具体的处理方式如下：

（1）迅速避开热源。

（2）采取“冷散热”的措施，在水龙头下用冷水持续冲洗伤部，或将伤处置于盛冷水的容器中浸泡，持续30分钟，以脱离热源后疼痛已显著减轻为准。这样可以使伤处迅速、彻底地散热，使皮肤血管收缩，减少渗出与水肿，缓解疼痛，减少水泡形成，防止创面形成疤痕。这是烧烫伤后最佳的，也是最可行的治疗方案。

（3）烫伤后千万不要胡乱扯下患儿的衣服，尤其是手臂烫伤时扯下衣袖，这样处理时由于衣物对烫伤表皮的摩擦，常会加重烫伤皮肤的损害，甚至会将受伤的表皮拉脱。正确的处理是拿剪刀将袖子剪开，避免衣物对伤面的摩擦，以免伤情加重。

（4）创面不要用红药水、紫药水等有色药液，以免影响医生对烫伤深度的判断，也不要用碱面、白酒、牙膏等乱敷，以免造成感染；尤其牙膏凝结后会粘连伤口，增加医生处理创面的难度。

（5）水泡可在低位用消毒针头刺破，转运时创面应以消毒敷料或干净衣被遮盖保护。

值得注意的是：烫伤发生后，千万不要揉搓、按摩、挤压烫伤的皮肤，也不要急着用毛巾擦拭。

温馨提示：

（1）如出现发烧，局部疼痛加剧、流脓，说明创面已感染发炎，应就医处理。

（2）对于严重的各种烫伤，特别是头面、颈部，因随时会引起休克，应争分夺秒送至正规的医院救治。

（3）头、面、颈部的轻度烫伤，经过清洁创面涂药后，不必包扎，以使创面裸露，与空气接触，可使创面保持干燥，以加快创面复原。

4 如何预防宝宝烫伤？

（1）不要单独把宝宝放在家里，如果家长不得已必须外出时，请尽量安排他人在家照看宝宝。

（2）暖瓶要放在宝宝够不到的地方。

（3）大人不在的时候，不要在火上烧开水和熬汤。

（4）使用电热毯取暖时，热后要关掉开关，以防家里失火。

（5）教育宝宝不要去动电插头，手不要触及簧片，以免触电烧伤。

发生烫伤对宝宝来说是十分痛苦的，因此，父母从孩子 3 岁时就要开始向他反复讲明玩火、火柴以及煤气灶具的危险性，教育宝宝不要在厨房打闹、远离热源等危险物品。

5　怎样给宝宝选购婴儿车？

宝宝出生后，应根据不同年龄阶段为宝宝选择不同的推车，一般需要两类。一类是坐卧两用推车，一类是外出用的便携式折叠手推车。这两类车各有用途，适用于不同场合。

第一类：坐卧两用多功能手推车。在宝宝 1 岁以前非常实用，这种车虽然可以折叠，一般来说体积还是较大，但是它功能较多。车厢可以按不同角度调节靠背，既可以给宝宝当床、当摇篮，也可以把靠背扶起，让会坐的宝宝靠坐玩耍。

它还带有较大车篷和遮阳纱罩，宝宝小的时候，可以把车推到屋外，让宝宝在室外小睡一会

儿，晒晒太阳。

有的车还可以把卧垫掀起，下面有一个小三角坐垫，宝宝学走路时可以跨坐在上面，扶着前面的护栏，大人在后面轻推，帮助宝宝学习走路。

这种车往往还备有杂物筐，外出时可以盛放一些宝宝用品。

但是这种车比较笨重，如果家住楼层较高，搬上搬下比较吃力，也不便于带宝宝远途外出，如果中途需要乘坐公共汽车就更不方便。

第二类：便携式折叠手推车。更适合于带 1 岁以后的宝宝外出游玩。价格较便宜，常见的在一二百元。

这类车中有一款用铝合金管制成的伞柄手推车就很好。它打开后是一个帆布座椅的四轮车，两个前轮可万向调节，自由改变方向。有的还带有一个小巧的遮阳篷，折叠起来后就像一把大伞，非常轻便，所以也称为“伞车”。

有了这样一辆小推车，增加了很多便利，父母可以带宝宝方便地搭乘公共汽车和地铁，去到更远更多的地方和场所，宝宝也可以见识更多的人和周围事物，促进智力发展。

在选择童车时，一要看外观质量，看车的颜色图案是否满意，更要看看车架表面有无油漆脱落、划伤及各种瑕疵；二要检查车身结构各接合处是否牢靠，有无螺丝松脱现象；三要把宝宝放进小车中，试着推动小车走一走，看车身有无变形，车轮旋转是否轻松自如。使用前应仔细阅读说明书，避免操作不当造成事故，给宝宝带来危险。

6 宝宝怎样乘飞机？

当节假日来临，各位爸爸妈妈一定希望能够外出游玩，放松心情，但是家里的宝宝还小，爸爸妈妈该如何带着宝宝一起坐飞机呢？

（1）宝宝与儿童的年龄界定。

宝宝与儿童在购票时有不同程度的优惠，所以旅客时常对两者的界定存在疑问，一般来说，宝宝年龄是指出生 14 天 ~2 周岁，儿童是指 2 周岁 ~12 周岁（以航班起飞日期为准）。

（2）购票时需提供的证件。

购买宝宝客票的旅客应提供宝宝年龄的证件，如《出生医学证明》、户口本等。

（3）每个航班接收宝宝数量的限制。

从确保航空安全的角度出发，每一个航班接收宝宝的最大数额应少于执行该航班飞机的总排数，而且每相连的一排座位不能安排多于一个宝宝。

（4）带一名以上宝宝同行如何计费。

每名成人只能携带两名不超过十二周岁的旅客（包

括儿童和宝宝），旅客携带宝宝超过一名的，另一名宝宝应按相应的儿童票价计收，可单独占一座位，并可享有所持客票等级规定的免费行李额。

（5）飞行中需注意的事项

①保护宝宝耳膜。对宝宝来讲，在飞行途中保护好耳膜十分重要，因为宝宝的耳膜比成人的薄，可以承受的压力也小得多。在带宝宝乘机时应采取正确、有效的措施，在飞机起飞和降落时让其咽鼓管开启，防止航空性中耳炎的发生。

②具体措施。在飞机起飞和降落时给宝宝喂奶或吃点零食，让其充分地做吞咽动作。宝宝哭闹是有利于咽鼓管开启的，所以大可不必制止。千万记住在飞机起飞和降落时不能让宝宝睡觉，因为睡眠时耳膜压伤的可能性大为增加，所以一定要将宝宝从睡梦中弄醒。

7 怎样防止宝宝坠床？

随着宝宝逐渐长大，活动能力逐渐增强，宝宝坠床的危险也大增，孩子坠床的危害是不能忽视的，那如何预防宝宝坠床？

首先，家长要从思想上高度重视，不要低估宝宝的运动能力，宝宝睡觉和玩耍的时候，尽量都陪护在旁边。

在床的四周设上围栏，当宝宝睡觉或玩耍时，拉上床栏。

床栏的插销安装在宝宝够不着的地方，避免宝宝在玩耍时无意将插销打开而坠床。

床要稳当牢固，高度最好小于 50 厘米，可以在床边的地面上铺些具有缓冲作用的物品，如海绵垫、棉垫、厚毛毯等，这样宝宝即使坠床，也不致摔得太重。

宝宝在床上玩耍需在妈妈的看护下进行。如果妈妈有事需暂时离开，最好将宝宝移至地面上玩，在妈妈的视线范围内，同时准备玩具让宝宝玩，不时地跟宝宝说话，给宝宝心理支持。这样妈妈既可以做家务，又可以锻炼宝宝独立。

宝宝一旦发生坠床，妈妈们应该立即抱起宝宝，细心检查哪个部位被摔伤，有无肿块，就算是当时一切正常也要继续再观察 24 小时，看是否出现睡觉不醒、呕吐、非常兴奋、四肢肌肉紧张、牙关紧闭、眼斜视等状况，一旦出现，应立即送往医院诊治。

8 宝宝摔掉牙齿该怎么办？

3 岁以下的宝宝要特别当心摔断牙，因为此时宝宝刚学会走路不久，摔倒的几率较高，摔倒后首先可能受伤的是口腔内组织，经常有宝宝摔歪或摔断牙齿。

宝宝的牙组织还处在生长期，摔断后，争取在半小时内把宝宝连同断牙送到医院去，这样可以大大提高断牙的成活率。

如果有条件的话，家长最好把断牙放到牛奶或生理盐水里，如果没有条件，就直接把牙齿用透明袋装好。

断牙掉在地上可能沾上脏东西，家长千万不要用自来水清洗。因为断牙上的牙周膜很可能会被洗掉。

9 宝宝有必要使用汽车安全座椅吗？

据统计，美国每年至少有 2000 个儿童死于交通事故，同时每年还有近 3 万名儿童因为没有采取正确的安全措施而在车祸中受重伤。而据相关数字表明，在中国每年因交通事故死亡的儿童数量，是欧洲和美国的 2.5 倍。是什么原因导致了这么大的差异呢？很重要的一点就是儿童安全座椅的使用。

目前在中国，买车时消费者留意的大多是安全气囊等保护措施，是对车内的成年人进行保护，许多家长并没有意识到每天坐在车里的宝宝有多危险。

有些家长觉得，抱着宝宝坐在车里是最安全的，这是大错特错的。据调查显示，时速 50 公里下发生的碰撞，足以在一个体重不足 10 公斤的宝宝身上产生 140 公斤的冲力，足以对宝宝造成致命伤害。

只有专为儿童设计的安全座椅才能给宝宝提供最大程度的安全保障，把宝宝在交通事故中受到伤害的可能性降到最低，所以，宝宝一定要用汽车安全座椅。很多国家已经对儿童安全座椅立法强制使用，更进一步说明了使用儿童安全座椅的重要性以及必要性。相信随着社会的进步与发展，我们中国的家长一定会认识到这个问题的重要性。

10　怎样给宝宝选择安全座椅？

宝宝在不同的年龄阶段和体重，使用安全座椅的款式是不同的。

首先，对于体重9公斤以下的儿童，应该使用后向式安全座椅；同时安全带放置于较低的卡槽中，应与肩部齐高或略低。切记，永远不能把朝后坐的儿童和能弹出的安全气囊一起放置在前排座位。

其次，对于18公斤以下的儿童来说，应该使用前向的儿童座椅，同样要将安全带放置于较低的卡槽中，应与肩部齐高或略低，并要保持安全带贴在孩子身上。

对于稍大一些的儿童而言，最好使用安全带定位加高座椅及安全带，并将安全带紧贴前胸系在肩部以上，腰部安全带不应高过肚子。最后要确保安全带不会卡在孩子脸部、颈部以及胳膊上。

对于那些身高在1.5米以上的儿童来说，最好使用腰部

和肩部安全带，肩部安全带应刚好穿过胸前系在肩部；腰部安全带应系在稍低一些的位置，贴紧孩子的大腿，不应高过肚子。记住，永远不要把肩部安全带系在胳膊下面或者孩子后背上。

您在安装儿童座椅时应注意以下一些事项：

首先，要确定该产品按什么标准制成。现在目前市场上常见的产品一般遵从欧共体 ECE-R44/03 标准，对于适用的安全带也有说明，一般符合 UN/ECE16 号标准或其他同等标准的三点式或卷缩式汽车安全带。

其次，需要明确该产品适用的年龄范围。安装使用前要认真阅读说明书，不要对座椅作任何修改或添加部件，否则可能会严重影响其安全性和其他功能的正常使用。未载儿童时，也必须将儿童安全座椅用汽车安全带固定好。

不可将儿童单独留在汽车座椅内或置于无人照看的状况下；儿童安全座椅若在事故中有所损伤，应及时更换；不要让卡扣处于半锁定状况；在紧急情况下能快速将孩子抱出；不要让座椅接触腐蚀性物质。

儿童的安全一直以来都是个备受关注的话题，一款合适的儿童座椅对于宝宝的乘车安全有不小帮助。同时，正确使用和安装儿童座椅也尤为重要。此外，无论汽车是否有气囊，保护儿童的最好办法是将 12 岁以下的儿童安排在汽车的后排，让孩子远离一切危险。

11 宝宝窒息该怎样急救处理?

窒息指的是有异物进入呼吸道，造成阻塞，导致宝宝缺氧甚至呼吸心跳停止。

(1)当异物吸入喉内时，宝宝可能出现呛咳，此时不要阻止宝宝咳嗽,有时通过咳嗽,可将异物咳出。

(2)咳嗽时,不要拍打宝宝背部,以免异物移位。

(3)出现气急，说明异物已经进入呼吸道，不要用手到宝宝口里去掏取食物，也不要用大块食物强行让宝宝咽下，以免刺激咽部,引起恶心、呕吐,喉头痉挛、水肿,加重呼吸困难。

1 岁以下宝宝急救法:

妈妈坐在椅子上，将左前臂架在大腿上，让宝宝面部冲下趴在妈妈的前臂上，并使宝宝的头低于身体(左手要固定宝宝头部和颈部)。用右手掌根平稳地敲击宝宝的后背中部，5 次即可。在重力和冲击力的共同作用下,异物可被排出。

若呼吸仍未恢复,重复上述步骤。必要时送医院急救。

1 岁以上宝宝急救法:

让宝宝平躺在硬床上，妈妈站在宝宝足侧。妈妈两手重叠放在一起，十指互扣并翘起，手掌置于宝宝的肚脐处，快速向下并往前推压 5 下,直至异物排出。

如未排出,施行人工呼吸,并紧急送往医院进行急救。

12 如何防止宝宝窒息？

（1）成人不宜将宝宝搂抱在怀中一起睡觉，成人的身体和手臂易挤压宝宝，可造成窒息死亡。

（2）要注意3个月已会翻身的宝宝，睡觉或独立躺在床上时，要多照看。不要给宝宝睡过大过软的枕头，宝宝翻身俯卧时，因颈椎和背部肌肉还不能很好地支撑头部，枕头就会堵住宝宝的口鼻而造成窒息。

（3）宝宝睡觉时，不要在头上蒙盖头巾、手绢等物，因为两三个月的宝宝有时会用手去抓，容易盖住口鼻引起窒息。

（4）宝宝衣服的装饰物比如小扣子、小花等要结实牢固，否则宝宝会不自觉地把它们从衣服上拽下，放到口中，有可能造成误吸。

（5）如果宝宝正在长牙，最好的磨牙食物是宝宝专用的磨牙棒。不要给他一些胡萝卜条、瓜条之类的自制磨牙食物。虽然这些东西可以缓解长牙给宝宝带来的酸痛，一旦宝宝把这些东西咬掉又不会咀嚼，那么就可能出现噎着、窒息的危险。同理，在宝宝咀嚼能力达不到时，不要喂给宝宝不恰当的食物，如瓜子、花生、糖等。

（6）乘坐交通工具或者玩耍时，宝宝身体处于活动状态，不要让宝宝进食，否则口内食物极易呛入气管；不要在进食时故意逗笑宝宝，否则宝宝在大笑时易将食物误吸入气管。

（7）避免给宝宝玩纽扣、豆子、硬币、弹珠等小的玩具零件或生活用品，以免宝宝误食或塞住耳、鼻。

13　如何防止宝宝触电？

很多宝宝在家庭里发生触电事故，一方面是由于家人在预防措施和安全教育上做得不好，另一方面是电器和电力线路存在安全隐患。

首先要重视安全用电的教育，平时一定要教育孩子不得随意玩火，防止火破坏线路的绝缘层而导致漏电短路等情况；也要教育孩子不随便摆弄电器，不得随意使用剪刀等刀具，防止其剪破线路绝缘层。一定要严厉警告大一点的孩子远离危险区域，如变压器或是电力塔等电力设施，禁止其攀爬电力设备。严禁踩踏临时布置在地面的通电线路，防止线路漏电伤人。

家里的电力线路要定期作安全检查和维护，及时发现安全隐患，防止发生漏电等事故。

选择的插座，最好是带有安全挡板的类型，尤其是接近水源的插座，最好安装上防水盖，防止大人意外倒水或是小宝宝玩水泼到插座上发生漏电事故。同时，防水盖也有助于阻止宝宝把手指或是金属物插进插孔。对于一些特别顽皮捣蛋的宝宝，最好给插座安装安全保护罩，甚至把插座装进安全箱里上锁保护，防止小宝宝折腾插座而触电。

很多家庭有电动车，充电时要严禁宝宝接近车辆，防止宝宝破坏充电器线路和触碰插拔充电插头。此外，充电接口短路伤人的事故也频发，一定要严禁宝宝触碰或是用金属物插充电接口。

很多家庭都有一些废弃的电池，一定要严禁宝宝拿电池当玩具，一方面防止电池填充物泄漏后重金属被宝宝误食，另一方面防止宝宝把电池丢火里等情况引起电池爆炸伤人，再则是防止宝宝造成电池短路触电和起火爆炸伤人。一些蓄电池组尤其要严禁宝宝接近，其电压远在36伏之上，一旦人体接通正负极,很可能触电。

第二章　穿戴篇

14　怎样为宝宝选择衣服?

(1)要注重质地，应选择棉质、棉麻或丝绸质地的衣服。由于宝宝皮肤娇嫩，所以在衣服的选择上尤其需注意，特别是夏季，宝宝的衣服都是贴身穿着，所以既要柔软、凉爽、透气、吸汗，又能保护皮肤，因此最好是选棉质、丝绸布料的衣服。化纤类的布料虽然好洗易干，色彩鲜艳，但是不透气、不吸汗，在干燥的冬季还容易起静电，并且还可导致皮肤敏感的宝宝发生过敏现象，对宝宝的健康不利。

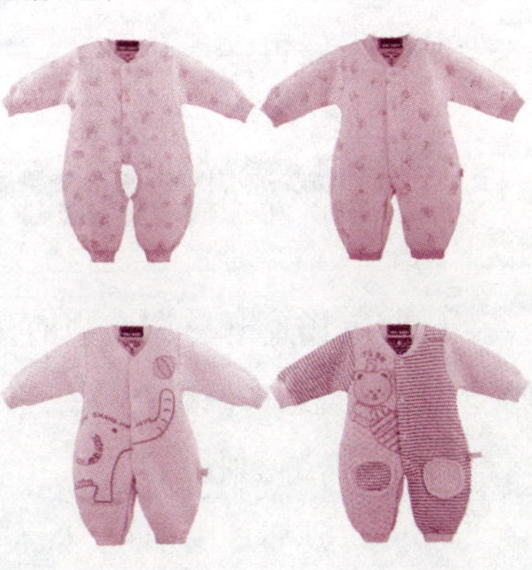

(2)要注意衣服的色彩及装饰，不要选择色彩鲜艳、装饰物太多的。衣服的颜料、印花的粘合剂中所含的一些化学成分有刺激性，可对宝宝的健康造成危害，

尤其是内衣，一定要选颜色淡或者是天然彩棉的衣服。至于装饰，一定是越简单越好，尽量不要选择有长系带、绳扣的，在玩耍时容易造成宝宝勒伤甚至窒息，也不要选择有亮片、别针等装饰物的，容易造成宝宝刮伤甚至误吞等。

（3）衣服的大小要合适。宝宝生长发育较快，服装宜大不宜小，衣服小，会使宝宝不舒服，影响生长发育。在选择有松紧带的衣服时，松紧带不要太紧，太紧会压迫胸部和腰部，不利于宝宝体格发育，严重的可导致宝宝胸廓变形。

（4）一定要选择做工精细的。做工讲究的宝宝衣服，一般会将标签缝在衣服外面，避免刺激宝宝的皮肤，也没有多余的线头。拉链末端都会有保护层包裹以免夹伤或划伤宝宝的皮肤。

总的来说，宝宝衣服要选择面料天然、颜色淡雅、方便脱换、式样简单的。另外需要注意的是，宝宝的新衣服在穿之前一定要清洗，用温水浸泡半小时以上，清洗后在阳光下、通风处晾晒干后再穿。

15 纸尿裤和尿布，选择哪个好？

目前市场上既有尿布也有纸尿裤，很多家长不知道选择哪个好，我们先来说说使用尿布的好处：

（1）安全、无刺激。

尿布一般都是用棉纱、棉布做的，反复洗涤后，对宝宝来

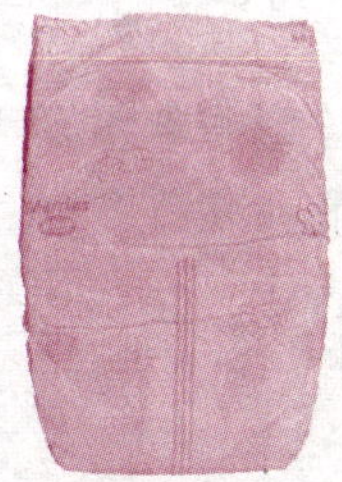

说，是绝对安全、没有刺激的。质量不好的纸尿裤，不但有异味，甚至含有荧光剂，会刺激宝宝皮肤。

(2)随时更换。

给宝宝用尿布，我们随时可以看到宝宝大小便情况，可以及时更换。纸尿裤一般2–3小时甚至更久才换，如果吸收层不好，尿液返渗，就可能导致宝宝“红臀”。

(3)经济实用。

尿布本身价格便宜，又可以反复洗涤使用，而纸尿裤是一次性的，相对来说就要昂贵许多。

再说一下纸尿裤的好处：

(1)方便快捷。

纸尿裤为一次性使用，而且吸水量大，不必频繁洗涤、更换，可以节约父母的大量精力，让父母腾出更多的时间休息或者与宝宝玩耍，增进感情联系。

(2)整洁舒适。

宝宝穿上纸尿裤既整洁又舒适，可以参加一些时间较长的活动和动作较大的运动，不会渗漏，避免尴尬。

(3)提高宝宝的生活质量。

虽然用纸尿裤会增加不少开支，但也提高了宝宝的生活质量，方便实用的纸尿裤也成为目前国际育儿方向的趋势。

需要提醒家长们的是，一定要到正规商场选择购买质量合格的纸尿裤，才能最大程度地避免以上提到的关于纸尿裤的一些“隐患”，最大程度地发挥纸尿裤的优势，解放父母的双手,并给宝宝带来舒适的体验。

16 为什么不能给新生儿剃胎毛?

很多地方都有给满月的宝宝“剃胎毛”的习俗，也有些家长是因为新生儿毛发稀疏，到了满月就决定给宝宝剃掉胎毛,准备让宝宝的头发“再长一茬”,这是很不可取的。

(1)剃发很容易伤害毛囊，一旦毛囊损坏，就可能不再生发。如果不小心刮伤头皮,还可能造成细菌感染。

(2)夏季太阳直晒头部，容易造成宝宝头颅温度过高，甚至得“日射病”,有的宝宝会表现出头晕、恶心呕吐、不爱吃饭等症状，容易造成脑部损伤。阳光直晒，还可能让宝宝患上日光皮炎。

在这里，我们还要纠正一下关于宝宝头发剃掉后“再长一茬”的误区，很多家长认为宝宝的头发可以像割韭菜一样，剃掉长得不好的，新长的头发就会乌黑浓密，这个错误的认识是由于对毛发生长的原理不了解造成的。毛发是人体的毛囊合成的，毛囊功能没有改变，毛发的生长也不会有变化，这与是否将头发剃掉没有任何关系。所以，只要营养充足均衡，随着宝宝的不断成长发育，毛囊功能完善了，自然就会长出健康浓密的头发。

我们不提倡给宝宝剃光头，要以平头为宜，而且理发工具一定要消毒，防止感染。

17 不会走路的孩子需要穿袜子吗？

宝宝出生后，如果不是包在包被里，就应该开始穿袜子了，穿袜子可以对宝宝的小脚起到保护、保暖等作用。

（1）保护、隔离、减少摩擦。宝宝出生后，除了睡觉，只要处于清醒状态，四肢就不停地活动。随着月龄增长，下肢活动更是明显增加，足部皮肤的摩擦机会相应增多。半岁以下的宝宝，足部对外界的感知反应很有限，一些硬物、尖锐物品有可能硌到或者划伤宝宝足部稚嫩的皮肤。如果光着脚活动，皮肤直接与外界环境接触，灰尘、污渍、甲醛及重金属铅等很容易沾在宝宝脚上，有可能透过皮肤对宝宝造成伤害。穿上袜子就可以防止娇嫩的脚部皮肤变得粗糙、干燥，减少足部皮肤损伤。

（2）保暖作用。穿袜子可以对宝宝的小脚丫起到一定的保暖作用，如果家长带宝宝外出，一定要给宝宝穿上袜子，以防温度降低导致脚底着凉、受寒而引起感冒。如果在炎热的夏季，气温较高，应该给宝宝穿薄的纯棉袜。如果室内温度超过 30℃，门窗开得适宜，宝宝可以不用穿袜子；如果宝宝体质较差，很容易生病，说明他的抵抗力较弱，最好还是要穿

着袜子。

此外，宝宝不要光脚穿鞋，有些鞋的材质和工艺可能含有害化学物质，直接接触宝宝的皮肤，经皮肤吸收可对宝宝造成伤害。光脚穿露趾凉鞋还很容易造成脚伤。同时不穿袜子也会使宝宝足部肌肤与鞋子摩擦增加，使皮肤干燥粗糙，甚至形成脚垫。

但是，有些专家也建议，宝宝的脚应该尽量裸露，以增加宝宝足底神经对外界事物的感知，从而促进神经末梢的发育。对此，我建议宝宝妈妈们灵活掌握，在适当的环境下如抚触、洗澡后以及环境温度较高时等都可以让宝宝露着小脚。

18 怎样给宝宝选袜子？

别看是一双小小的袜子，选购起来也是很有学问的，选不好就可能给宝宝娇嫩的小脚造成影响，引发不适。

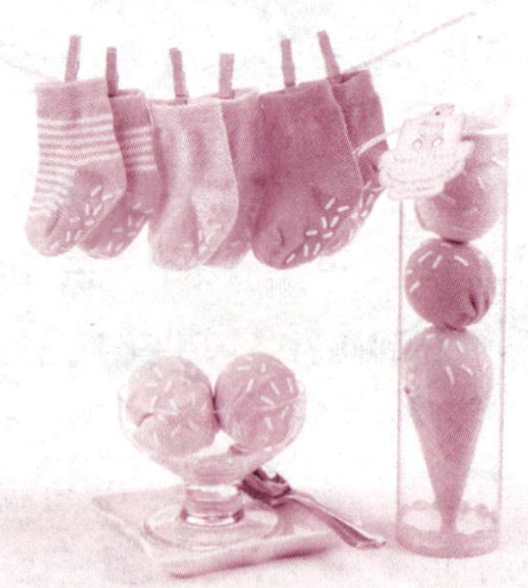

宝宝活动量大，脚部出汗较多，袜子一定要选择纯棉质地的。纯棉袜子透气性好，贴肤舒适、吸汗。不要选尼龙或化纤的，这种材质的袜子虽然颜色鲜艳漂亮，耐洗耐磨，但吸汗透气性差，穿着也不舒适。

袜子尺码要合脚，避免袜子过大或者过小影响宝宝脚部的发育。袜口要宽松，不要选择收口紧的袜子，袜口太紧，影响脚部血液循环，引起宝宝不适，不利于宝宝足部发育。

喜欢在家穿袜子活动的宝宝，妈妈们要购买防滑的地板袜，这种袜子的袜底有软胶图案，增加脚底与地板接触面的摩擦，但是防滑袜是外穿的，不要穿到鞋子里面。

袜子尽量选购浅色调的，颜色太深，宝宝脚底出汗有可能使颜色晕染，颜料中含有的化学物质会刺激宝宝脚部的娇嫩皮肤，造成伤害。

另外需要提醒妈妈们，新袜子也要像宝宝的新服装那样，在穿之前最好用清水浸泡半小时以上，待甲醛等有毒物质溶解在水里后再清洗晾干，翻过来剪掉内里线头，以防线头缠住宝宝的脚趾，引起血液循环不畅，甚至导致脚趾坏死。

19　怎样给宝宝挑选学步鞋?

宝宝成长到7个月以后，就会出现强烈的行走欲望，这时，家长就要提前为宝宝选购鞋子。宝宝的脚骨大多数是正在钙化的软骨，骨头弹性大、发育不完善，很容易变形，也很容易扭伤。好的婴儿鞋可以保护宝宝的脚部不受伤害，还能缓冲宝宝走路时地面产生的震荡，防止宝宝跌倒摔伤。那么，为宝宝选购鞋子时有哪些注意事项?

（1）鞋面的材质要柔软、有弹性。

（2）鞋底应该轻便、防滑、有弹性。

（3）鞋前掌部要宽，不可挤到宝宝脚趾，保证宝宝的脚趾可以自由活动，尽量选择鞋头圆形的鞋子。

（4）鞋后跟要平整，不可带有高跟，鞋跟高度不要超过3厘米。

（5）鞋后帮不要磨宝宝的脚后跟，鞋后帮也不要带有太多的装饰，尤其是不要有硬材质的贴皮，防止宝宝磨脚。

（6）鞋面最好是可以调整松紧的粘扣，尽量不要为小宝宝购买系鞋带的鞋子，防止鞋带散开绊倒宝宝。

（7）鞋子要宽松，与宝宝的脚胖瘦相适应，尽量为宝宝选择稍大一点的鞋子，使脚有活动的空间并且方便为孩子穿着，但是不要太大，以免不合脚影响宝宝走路。

为宝宝穿新鞋子时，要先让宝宝穿10分钟左右，尽量让宝宝活动走路，然后为宝宝脱下鞋子、袜子，检查宝宝的脚部是否有因为鞋子不合适而引起的挤脚、磨脚现象。

20 宝宝衣服穿多少合适?

老人带孩子的家庭，宝宝往往总是穿得很多，老人年纪大了总是怕冷，所以对宝宝的保暖意识很强，生怕宝宝穿少了着凉生病。那么,宝宝到底穿多少衣服合适呢?

月子里的新生儿,尤其是早产儿,体温调节能力比较差,需要在一个相对适中、恒定的环境温度下才能维持正常体温,有些早产儿甚至要放到暖箱里养着,直到能适应外界温度。所以,新生儿要注重保暖。但是,过犹不及,新生儿穿得太多,也会导致一些严重的后果,例如“捂热综合征”就是因为给宝宝捂得太多,导致宝宝的热量无法散发,长时间的高温造成宝宝高热、脱水、缺氧、昏迷,甚至呼吸、循环衰竭最终导致死亡。即使抢救及时,往往会遗留脑损伤的后遗症。

宝宝的新陈代谢比成人要旺盛,穿得多了宝宝很容易出汗,出现痱子、毛囊炎等皮肤病,甚至扩散导致软组织感染、蜂窝织炎等等。

在门诊上我们也观察到,经常感冒发烧的宝宝通常平时都穿得多、穿得厚,很少接受冷空气刺激,身体对气温变化适应性差,抵抗力得不到提高,一有风吹草动就会病倒。俗话说“要想小儿安,三分饥和寒”,这句古话也是说明穿衣过多、保暖过甚是不利于宝宝身体发育的。

那么,到底应该怎样给宝宝穿衣服呢?可以参考以下建议:

气温比较高的季节,环境温度在24℃以上,可以给宝宝穿一件单衣遮体,24℃以下可以参考青壮年成年人的穿衣多少来给宝宝穿。

(1)一岁以内的孩子,比大人多穿一件平均厚度的衣服。

（2）一岁以上的宝宝，体温调节能力较完善了，可以和成人穿衣厚度一样。

（3）3 岁以上的宝宝基本可以自己感受并且表达冷暖，只要宝宝不觉得冷就没必要加衣服，可以摸宝宝手心和后背，如果是温暖的，宝宝也没有出汗，证明衣服穿得是合适的。

21 宝宝多大不宜再穿开裆裤？

在年龄较小的时期，宝宝还不能准确地控制大小便，而且饮食主要以乳汁为主，大小便的次数较多，家长需要频繁地帮宝宝排便和更换尿布。为了方便，父母常常给小宝宝穿开裆裤。

但随着宝宝渐渐长大，开始会爬、会走，接触的东西日渐增多，特别是宝宝长到 1 岁以后，就不宜再穿开裆裤了，因为这时宝宝的活动范围很大，而且经常在户外活动，穿开裆裤不仅会冻着小屁股，还会使冷风直接灌入腰腹部和大腿根部，容易使宝宝受凉感冒；穿开裆裤时，宝宝的臀部、阴部直接暴露在外面，容易诱发感染，尤其是女婴尿道短，更容易引起尿路感染；穿开裆裤还容易导致婴幼儿常见的肠道寄生虫病——蛲虫病的交叉感染。因此对较大的婴幼儿，应尽早改穿满裆裤，这样既安全又卫生。

22 为什么小儿不宜烫发、染发？

有些母亲为了让孩子看起来漂亮、洋气，就给孩子烫发、染发，殊不知烫发剂和染发剂中含有的氨类及苯类化学物质，对人体皮肤有刺激性甚至致癌性，成人尚不提倡经常烫发、染发，对正处于生长发育期，对各种有害因素的抵抗力尚不完善的小朋友来说，更是不宜接触这些有害的化学物质，所以，小儿不宜烫发、染发。

第三章 健康护理及疾病预防篇

23 新生儿居室有哪些要求？

对于一个初生的稚嫩、脆弱的小生命来说，他的居住房间是有一定要求的：

室内应干净整洁，每日通风 2~3 次，避免对流风直吹新生儿。

最好保持室温在 22℃ ~24℃，湿度 55% ~65%。

保持房间安静，避免突发较大声响对新生儿造成惊吓。

不应在新生儿房间内喷香水、空气清新剂以及香薰等，也不宜将鲜花放置于新生儿居室内。

避免患感染性疾病的成人进入室内对新生儿造成潜在感染的危险。

所以，未满月的宝宝尽量避免有太多人去探视，以防对这个新生命的最初最脆弱的时期带来一些不良的影响。

24 护理新生儿有哪些内容？

一个新生命的诞生，带给父母巨大的喜悦，但同时，初为人父人母的家长们缺乏经验，不知道如何照顾这个脆弱的小生命，下面我们就来了解一下新生儿护理的内容。

（1）沐浴：每日为宝宝洗澡1次，保持皮肤清洁，避免细菌对宝宝身体的侵害，预防疾病。沐浴时应关闭门窗，保持室温24℃~26℃。

（2）体温监测：每日测体温至少2次，维持体温在36℃~37℃。若体温持续过高，超过38℃，应及时采取降温措施。

（3）皮肤护理：保持皮肤清洁干燥，特别是皮肤皱褶及臀部，及时更换尿布，大小便后用温水洗净或湿巾擦净臀部，涂护臀霜，避免因大小便刺激引起臀红或尿布性皮炎。

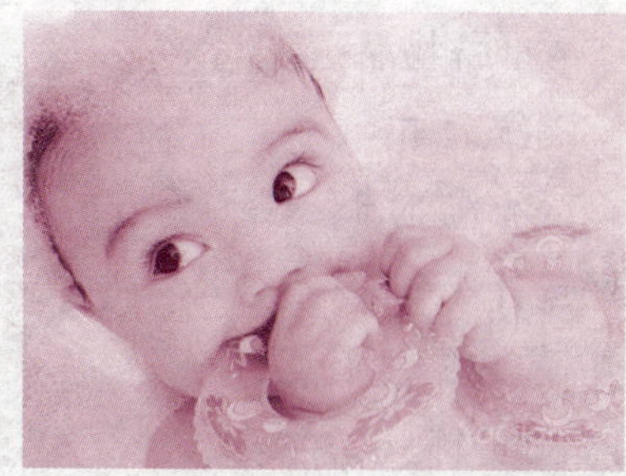

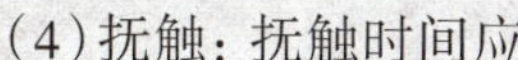

（4）抚触：抚触时间应

在两次进食中间，或喂奶1小时后，午睡或晚上就寝前，宝宝清醒、不疲倦、不饥饿、不哭闹时进行。抚触前要洗净双手，不使用指甲油，不戴首饰。保持室温28℃，双手涂宝宝润肤油，抚触宝宝皮肤力度要合适，不能太轻或太重。

（5）预防感染：护理宝宝前应用流动水认真洗手，哺乳前应用毛巾将乳房擦干净，宝宝所用物品应保持清洁，若需人工喂养，宝宝的奶具要用开水煮沸消毒，以免引起宝宝腹泻或鹅口疮。应尽量减少亲戚朋友的来访，避免大人将外界细菌带给宝宝。家人患传染性疾病时应与宝宝隔离。

25 怎样给新生儿洗澡？

刚出生的小宝宝柔软、脆弱，皮肤娇嫩，新陈代谢旺盛，经常给宝宝洗澡既可以清洁皮肤，又可以加速皮肤的血液循环，增加食欲，促进生长，调节身体各系统功能，提高宝宝对环境适应的能力和对疾病的抵抗能力，宝宝出生第2天就可以洗澡。

准备物品：宝宝浴盆、毛巾。

洗澡时间最好选择中午12点到下午2点喂奶前30分钟。

洗澡的室温最好在 28 摄氏度左右，室温太低容易感冒。

水温 38 摄氏度左右，用大人胳膊肘试下不烫为宜。

洗澡次数，夏季每日 1~2 次，天冷季节 2~3 天洗一次。

洗澡之前应将所需要的物品备齐，如大浴巾、尿布、换洗衣服、小毛巾、洗发液、痱子粉等（注：有湿疹的宝宝最好用清水洗）。

洗澡步骤：先洗头。用大毛巾包裹小宝宝下身，手托住小宝宝头部，把小儿的下肢夹在腋下使其平躺在左臂上，用左手拇指和十指堵住小儿耳朵，以免进水感染。用小毛巾或软纱布蘸水洗头，可以用宝宝专用洗发液，如有结痂头垢，用湿毛巾浸软后轻轻擦拭，切忌用力揉搓，如果一次不能洗净，可以待下次洗澡再擦洗，经过多次清洗就可以完全洗去。洗完头部后，打开毛巾将宝宝放入浴盆，若澡盆内无颈部支撑，则用左手撑住宝宝颈部，右手清洗宝宝上下身，洗完抱出，用毛巾吸干，穿上衣服就完成了，整个洗澡过程不要超过 15 分钟为宜。

注意事项：

宝宝出生一周内脐带残端尚未脱落，洗澡时最好用肚脐贴保护一下不要弄湿，洗澡后用棉签蘸 75% 酒精或者安尔碘从中间向外消毒。

26 怎样清洁宝宝的小脸?

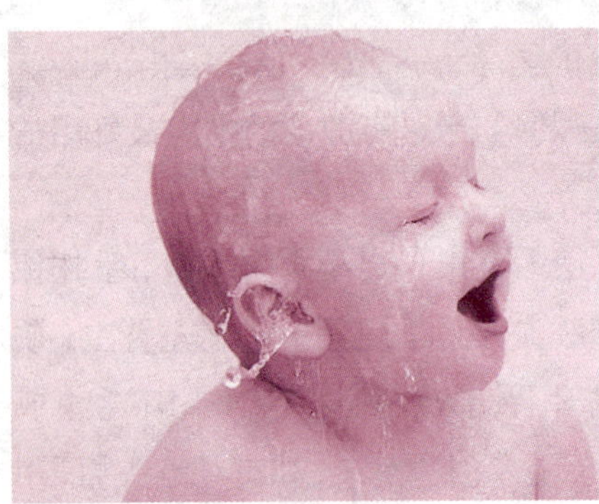

由于宝宝的脸蛋肌肤都光滑、细嫩，清洁宝宝的小脸颊时，母亲可以用浸温水的毛巾拧干后轻轻为宝宝进行擦拭，包括小脸、眉毛、脖子等等部位。

有的宝宝因为肌肤较薄、发育尚未成熟的缘故，偶尔会出现小疹子或者干燥的问题。如果发现宝宝的肌肤比较干燥，可以在洗脸或者洗澡后给宝宝涂抹一些质地清爽的宝宝专用护肤乳液。如果发现宝宝脸上有小而白的米粒大小的粟粒疹,通常都不需要特别处理,几周之后就会自行消失。

除了以上问题，父母如果发现宝宝面部有其他异常的肌肤问题，切记不要自行处理，处理不当有可能加重病情，或者诱发其他疾病,应及时就医诊治。

27 怎样清洁宝宝的眼睛?

由于宝宝的眼睛相对脆弱，需要家长格外注意保护，不仅要避免异物进入，在给宝宝清洁眼睛的时候，尽量也不要让水流入眼睛。

新生儿刚出生时，眼睛可能会被产道里的细菌感染，引起眼炎，所以要注意新生儿眼睛周围皮肤的清洁。每天可用药棉蘸生理盐水擦拭眼角，由内向外，成人的手上都有细菌，所以不可以用手直接擦抹宝宝眼睛。

待宝宝逐渐长大，每日的眼部清洁就可以这样做：将拧干的温水毛巾的其中一角包住自己的食指，从宝宝内眼角向外眼角的方向擦拭干净，然后换毛巾的另外一角用同样的方法清洁另一只眼睛，这样可以有效避免双眼相互感染。

正常情况下，宝宝的眼睛偶尔会有少量的分泌物。如果发现分泌物明显增多，且眼睛经常看起来水汪汪的，有可能是鼻泪管阻塞，应该及时就医，请教医生如何按摩眼角及鼻子等部位改善症状。如果发现宝宝的眼睛出现黄绿色分泌物或者结膜充血时，很可能是感染了结膜炎，更要尽快就医，依照医师指示进行观察治疗。

28　怎样清洁宝宝的鼻子？

洗脸时一般只需用拧干的温水毛巾擦拭宝宝鼻腔外侧就可以。如果发现宝宝有鼻屎，可以用棉签沾一点干净的水，将鼻屎清理出来。如果鼻腔内的分泌物结成硬痂，致使呼吸不畅，影响吃奶、睡眠时，可用药棉浸一些清洁的植物油滴入鼻腔，待硬痂软化后再用棉签轻轻卷出。千万不能用发夹、

火柴抠挖，以免损伤鼻黏膜。如果鼻屎在鼻子深处，千万不要贸然处理，以免弄伤鼻黏膜。其实，一般鼻屎不影响宝宝呼吸，便不需要刻意处理，有时候宝宝会以打喷嚏的方式来自行排除鼻腔内的鼻屎或异物。

由于宝宝鼻腔尚未发育完善，通常在喝奶或者睡觉的时候，家长会感觉到宝宝的鼻子发出类似鼻塞或者打呼噜的声音，这都是正常现象，不必太过担心，随着宝宝逐渐长大，以上状况就会消失。

但是，如果发现宝宝有流鼻涕或是鼻塞很明显，经常需要张口呼吸，那么很有可能是患了感冒，要尽早就医诊治。

29 怎样清洁宝宝的耳朵？

给宝宝清洁耳朵的时候，母亲用毛巾擦拭干净宝宝耳廓皮肤后面就可以了，一般不需要清洗宝宝耳道，因为宝宝的耳垢可以起到保护耳朵的作用。如果洗澡或哭泣时洗澡水或眼泪流进耳道，可以用棉签在外耳道轻轻擦拭，也不需要深入内耳道。

如果发现宝宝耳垢确实很多，堵塞耳道甚至影响听力，应该去医院请耳鼻喉科医师帮忙清理。如果有异常分泌物流出或出现臭味，更要及时就医检查，确认是否发生感染。

宝宝两只耳朵的形状通常都是对称的，但有一部分宝宝因为在胎儿期受到了挤压，两只耳廓会略微不对称，只要外形没有结构的异常，通常过一段时间就会恢复，家长对此不必太过担心。

30 怎样清洁宝宝的口腔？

宝宝长牙以后，需要给宝宝口腔做适当的清洁以保护牙齿。每次喂奶后可以给宝宝喝几口开水，这样可以有效清除宝宝口中残留的奶液。此外，每天可以给宝宝进行一到两次的口腔护理。首先用纱布巾缠绕自己的食指，用温开水蘸湿，放入宝宝口中，轻微擦拭口腔内部及舌头，要注意清洁时间不要太久，指头不要太深入，以免宝宝觉得不舒服或造成呕吐。

在清洁的同时，家长要仔细观察宝宝口腔的情况，及时发现问题。如果宝宝口腔内部有一块块白色的、像奶渣一样的东西，而且不容易擦拭下来，这可能是感染了白色念珠菌，也叫“鹅口疮”，一定要就医诊治。还需要留意宝宝口腔内部是否有水泡或溃疡，如有有可能是感染疾病所造成的，例如感染肠道病毒等，此时也一定要带宝宝及时就医检查。

31 脐带脱落前后怎样护理脐部？

婴儿的脐带残端是在宝宝出生后 7 至 21 天留在肚脐眼的脐带末梢。在宝宝出生后医院会对脐带残端进行消毒处

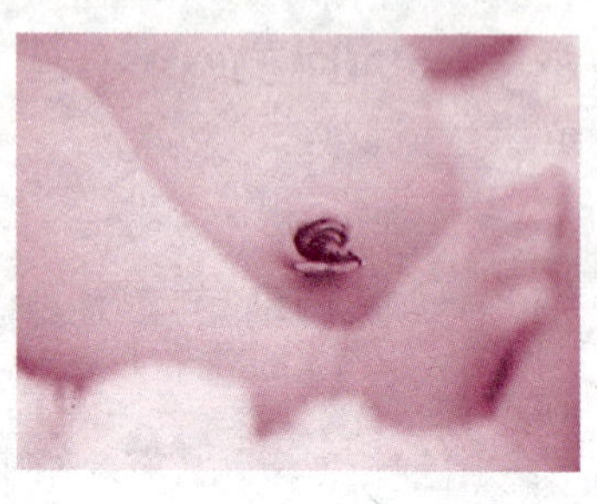

理，回家以后，家长应该继续对宝宝的脐带残端进行适当的护理，以避免脐带残端发炎。

宝宝回到家后，脐带残端应保持干燥，尤其需要注意的是，尿布应该避免与脐带残端接触，因为宝宝在尿湿尿布的时候有可能会使脐带残端潮湿，从而导致脐部感染。

宝宝脐带残端脱落的过程其实就是干燥的过程，因此包裹宝宝的被子不宜过厚，以适宜为佳，以通过合适的空气流通来加速宝宝脐带残端的干燥。

必要时给宝宝穿护脐带，如果宝宝脐部有黄白色甚至血性分泌物，一定用安而碘等皮肤消毒剂每天进行 2 次消毒处理，如果 2~3 天不见好转，就需要及时就医诊治，让专业人士予以脐部的消毒处理。

残端脱落时，你可能会注意到在尿布上有一点血，这是正常的。有时，残端脱落后可能会有一些黄色的肉，这些“脐肉芽肿”可自行消失，不必担心。

32 怎样包裹新生儿？

包裹新生儿首先是为了保暖，其次是为了保护新生儿，因为新生儿神经系统发育不完善，受到外来声音、摇动等刺激很容易发生全身反应，就是俗话说的“怕惊”，从而影响到睡眠；再次，因为新生儿身体柔软，不能抬头，不易将新生儿抱起来，把宝宝包起来就能很轻易地解决这个问题。

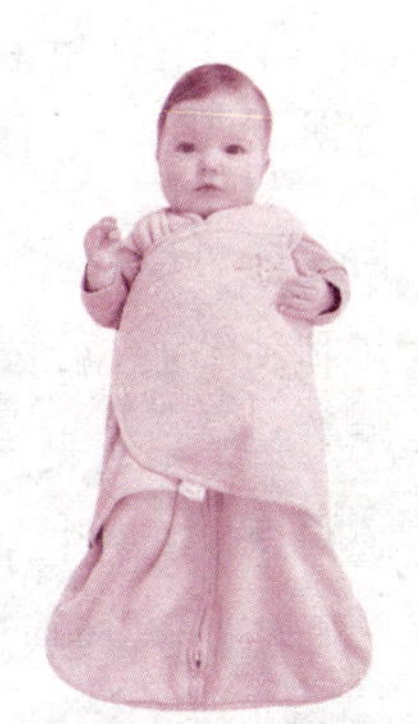

那么，应该怎样正确包裹新生儿呢？

正确包裹的方法很多，比如：可购买宽松柔软的睡袋，睡袋下方有开口，以便于换尿布，方便且保暖。白天可以给新生儿穿上宽松又保暖的内衣，再盖上盖被就可以了。对那些特别容易惊醒的新生儿，可使用包被将新生儿包裹起来，但千万不可包得过紧，宽松才能使新生宝宝在温暖、舒适的环境中成长。

33　为什么不能把宝宝包成“蜡烛包”？

过去，老人们都喜欢把宝宝紧紧包裹成“蜡烛包”，传统的“蜡烛包”的包法对新生儿而言有害无益。

首先，过紧的“蜡烛包”对新生儿是一种束缚，限制了胸部的活动，影响肺和横膈的功能，不仅影响肺发育，也影响小儿的呼吸，使肺部抵抗力降低，增加肺部感染的机会。

其次，包得过紧会压迫腹部，影响胃和肠道的蠕动，使消化功能降低，不但影响食欲，甚至引起或加重新生儿吐奶。

再次，由于四肢活动受限，不利于四肢骨骼、肌肉的发

育，影响新生儿的动作发育。还有些老人看到新生儿的腿部呈屈曲状态，就将两下肢抻直包起来，再结结实实地绑上，以为这样可以防止“罗圈腿”。殊不知，这样做有可能引起新生儿髋关节脱位，长期包裹还可能影响髋臼的发育。

最后，包裹太紧，新生儿容易出汗，汗液刺激皮肤，使汗腺口堵塞、发红，甚至引发皮肤感染。

所以，我们要摒弃旧做法，不能把宝宝包成“蜡烛包”。

34 怎样预防宝宝长痱子？

到了炎热的夏天，很多宝宝因为家长护理不当皮肤上长了“痱子”，从而感觉非常不舒服。那么应该如何预防宝宝长痱子呢？

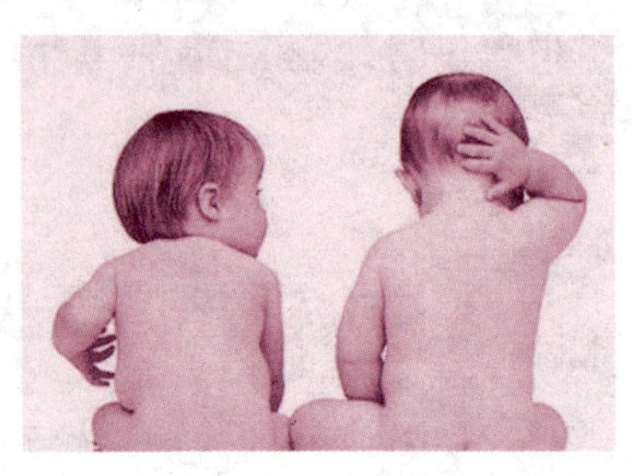

（1）加强皮肤护理，勤洗澡，保持皮肤清洁。温热水最合适，若水温太低，皮肤毛细血管骤然收缩，汗腺孔随即闭塞，汗液排泄不出，痱子会加重；过热则刺激皮肤，也可使痱子增多。

（2）勤剪指甲，保持手部干净，避免抓挠皮肤引起继发细菌感染。

（3）不要给宝宝搽粉类爽身护肤用品，以免与汗液混合堵塞汗腺，导致出汗不畅，引起汗腺周围炎症。

（4）夏季要适当控制宝宝户外活动时间和活动量。

（5）居室注意通风，保持凉爽，有条件的家庭应安装空调，保持宝宝居室适宜的温度和湿度。

（6）宝宝衣着应宽松、肥大，并经常更换。衣料应选择吸水、透气性能好的薄棉布。不要让宝宝长时间光着身子，以免皮肤受到不良刺激。

（7）给宝宝多饮水，避免食用刺激性食物。

35　怎样预防宝宝尿布疹？

（1）平时给宝宝勤换纸尿裤和尿布，这是预防尿布疹的最好方法。只要纸尿裤湿了或脏了，一定要及时更换，否则尿液或大便接触宝宝皮肤时间久了，对皮肤刺激时间长了，就会大大增加患尿布疹的风险。尤其在宝宝发生腹泻、肠炎时，更要注意勤换尿裤，因为腹泻时宝宝的大便往往偏酸性，对宝宝稚嫩的皮肤刺激性更大。

（2）宝宝大小便后，除了及时更换纸尿裤外，一定要用温水洗干净宝宝的屁股，尤其是大便之后，如果在户外实在没有清洗条件，可以用干净的湿纸巾擦净小屁股，尽

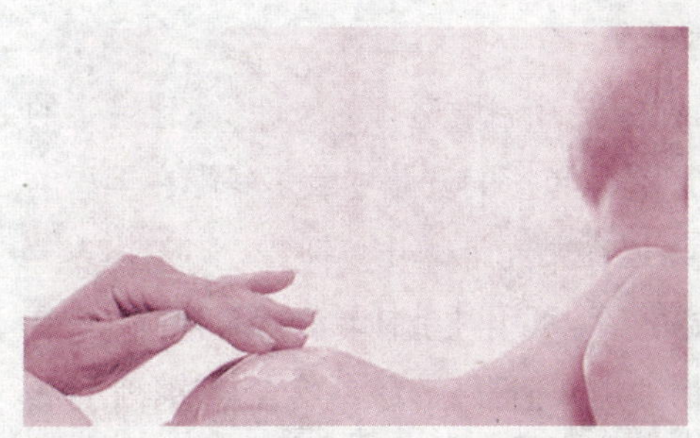

量彻底清除残留尿液及大便等。清理完毕，可以让宝宝的小屁股暴露在阳光下、空气中晒十几分钟，使宝宝的小屁屁充分晾干。

（3）如果宝宝使用尿布，换下来的尿布一定要用宝宝专用洗衣液清洗，千万不要用碱性较大的洗衣粉等清洗孩子的贴身衣物，因为这会刺激宝宝幼嫩的皮肤，增加宝宝患尿布疹的几率。洗净后一定要把尿布放在阳光下暴晒，最好不要阴干。

（4）涂防护药膏。清洁完毕后，一定要给宝宝的小屁股擦上一层护臀霜，再给宝宝穿上干净的新尿裤。这些药膏如同一层保护膜，避免宝宝的皮肤受到不良刺激。

36 如何护理尿布疹？

如果宝宝不慎得了尿布疹，一定要科学护理，争取早日痊愈，如果处理不当，就会引起红肿、溃疡甚至感染等问题，因此护理婴幼儿尿布疹非常重要。

（1）勤换尿布。

（2）每次洗净屁股之后，在温度适宜的条件下，让宝宝的屁股多“透透气”，让患有尿布疹的皮肤尽量多暴露在干燥的空气里，充分风干，也可以在阳光下晒几分钟。

（3）通风晾干小屁屁后，可用凡士林软膏轻轻涂抹，或者将橄榄油、香油等植物油烧开消毒后，晾凉给宝宝涂抹，可缓解症状，促进皮肤修复（不建议给宝宝涂含有滑石粉的爽身粉）。

总之，保持清洁和皮肤干燥，是预防和治疗尿布疹的两大措施。适时适度地将宝宝的小屁屁暴露在空气中或阳光下，不仅能去除湿气，使宝宝倍感舒服，而且能预防和治疗尿布疹。

如果孩子的尿布疹已经很严重，甚至发生感染的话，就需要及时就医了。

需要提醒家长的是，切忌用热水烫洗宝宝患尿布疹的屁股，这样会加重皮肤损伤。

另外，给大家推荐几个治疗尿布疹的方法（以下几种药物均为局部涂擦）：

蒙脱石散剂：蒙脱石散能在皮肤表面形成保护膜，加强皮肤的屏障作用，阻断致病因素对皮肤的继续伤害，加速受损上皮细胞的再生，修复损伤的细胞。对尿布疹的早期皮损，作用快捷显著。

紫草芝麻油：紫草含紫草素，性味甘咸寒，可凉血、活血、解毒；芝麻油含较丰富的维生素E和亚油酸，有较强的抗氧化作用。紫草与芝麻油配伍应用，可标本同治，效力强，明显缩短病程。

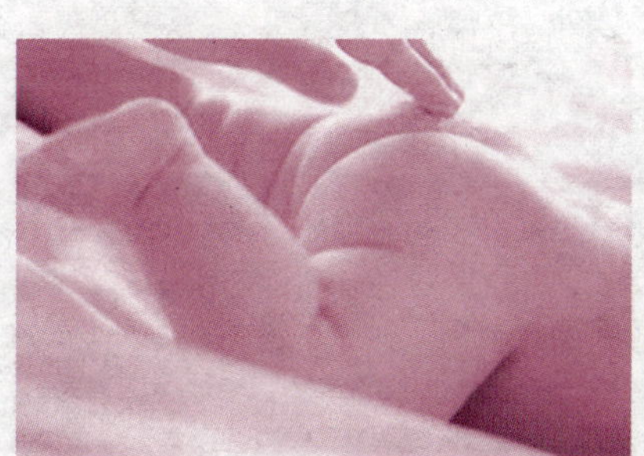

跌打万花油：具有止痛、消炎、生肌作用，无毒、刺激性小。跌打万花油联合周林频谱治疗仪治疗婴儿尿布皮炎疗效高、治愈时间短，未发现不良反应。

复方西瓜霜：治疗婴儿红臀有独特疗效。其主要功能有清热解毒、消炎止痛、止血、燥湿、泻火等，且无任何不良反应和副作用。

37 宝宝发热怎么办？

腋下体温高于 37.2℃称为发热，测量体温最好在宝宝清醒、空腹、安静的状态下进行，哭闹、刚吃完奶或者剧烈活动后测得的体温往往偏高，造成“发热”的假象。那么，如果宝宝真的发热了，我们应该怎样处理呢？

（1）让宝宝的包被或者衣服宽松、透气，那种把宝宝严严实实地捂起来发汗的做法是极其错误的，对小婴儿可能会导致“捂热综合征”，或者导致抽搐。

（2）宝宝大于 6 个月，体温达到或超过 38.5℃，可以选择对乙酰氨基酚或者布洛芬给宝宝退热，剂量和用法一定要参考说明书。同时，给宝宝补充足够的水分，可以选择一些富含维生素 C 的果

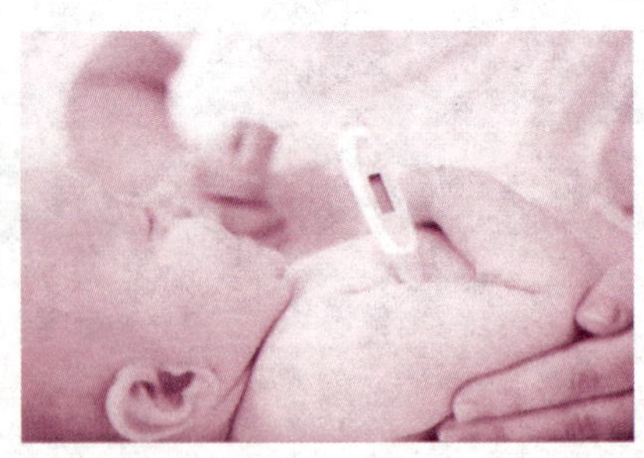

汁让宝宝饮用，饮食宜清淡、易消化。

（3）不提倡给宝宝酒精擦浴。有时发现宝宝发热 39℃以上，家长往往心急如焚，一心想把体温尽快降下来，此时，可以物理降温，用凉毛巾或者退热贴给宝宝敷额头，用温水擦洗四肢、手心。

（4）不要胡乱给宝宝用所谓的“消炎药”，尤其是不要滥用抗生素，婴幼儿发热，95% 以上都是病毒感染引起的，用抗生素是无效的，会增加宝宝将来发生细菌耐药的风险，对症治疗即可。

两个月或小于两个月的宝宝发热，一定要尽快就医，不要在家自行处理。

38 宝宝发热为什么不能酒精擦浴?

酒精擦浴是老百姓给病人降温的常用方法，比起吃药，很多人选择给宝宝酒精擦浴降温，认为酒精擦浴效果快又没什么危害，可以避免服退热药带来的副作用，其实这种做法是不正确的。酒精擦浴对婴幼儿伤害颇大，最好谨慎使用。

酒精擦浴对宝宝的伤害有这几点：

（1）酒精降温作用太快，有可能起到反作用。宝宝可能会因为寒战而引起体温的再次升高。

（2）有些宝宝会对酒精过敏，而引起全身不良反应，如出现皮疹、红斑、瘙痒等。

（3）宝宝皮肤屏障作用薄弱，酒精会通过皮肤和呼吸道被宝宝吸入体内，然后通过肝脏解毒，对发育不健全的肝脏造成伤害。如果吸收的酒精量较大，超过肝脏的解毒能力，可引起酒精中毒，甚至昏迷。

（4）酒精擦浴可兴奋迷走神经，引起反射性心率减慢，甚至引起心室纤颤及传导阻滞而导致心跳骤停。新生儿、未成熟儿及心力衰竭、虚脱、风湿病、体质虚弱、严重皮肤病和对冷刺激特别敏感的患儿，更加不宜采用此法。

39 怎样给宝宝做牙齿保健?

保护牙齿，要从小做起。从小保护好牙齿，对人的一生都是至关重要的。宝宝口腔保健的重点是保护乳牙和第一恒牙。具体需要注意以下几点：

（1）使用奶瓶时，要注意采用正确的喂养姿势，避免奶瓶抵压上颌，避免宝宝含奶瓶入睡，否则可造成宝宝牙列不齐、反颌（即俗称的“地包天”）等。

（2）避免宝宝吃糖过多，尽量不吃零食。大一点的宝宝（2岁以上），要经常告诉他吃糖对牙齿的危害，吃糖后要立即漱口或刷牙，否则容易患上龋齿。

（3）掌握正确的刷牙方法。1岁以内的宝宝应由家长用指套式牙刷或者消毒软纱布或者棉球蘸开水擦洗口腔和牙齿，至少每晚 1 次。1~2 岁除了以上方法，可以教给宝宝饭后漱口，并尝试用幼儿保健牙刷帮助刷牙，每晚 1 次。3 岁宝宝应学会自己刷牙，培养每天早晚刷牙和饭后漱口的习惯。

（4）有一部分宝宝存在口腔不良习惯，如吮指、吐舌、咬唇、口呼吸和偏侧咀嚼等等，家长要教育、劝说，以预防各种错颌畸形。

另外需要提醒的是，宝宝自乳牙萌出以后，最好定期做口腔检查，常规每半年或 1 年检查一次，及时发现口腔疾病，及时处理。

40　为什么要进行预防接种？

预防接种是我国计划免疫的主要内容，我们国家根据小儿的免疫特点和传染病发生的情况，有计划地使用疫苗为小儿进行预防接种，提高小儿个体乃至整个人群的免疫水平，达到预防、控制、消灭传染病的目的。通过计划免疫所预防的传染病，大多都是可对小儿造成重大伤害甚至致残的疾病，所以，宝宝家长们一定要重视预防接种，及时参加，切不可因

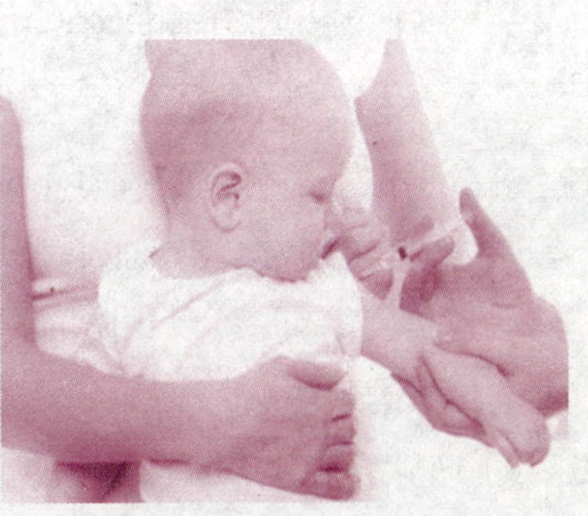

漏种导致宝宝患病而遗憾终生。

41 哪些情况下不能预防接种？

预防接种有一些禁忌症，家长们一定要了解，宝宝在患黄疸、发热、腹泻时或者严重湿疹等过敏状态时是不宜进行预防接种的。

42 预防接种后发热怎样处理？

有一部分宝宝在接种疫苗后 8~24 小时可出现发热，有些还会伴随恶心、呕吐、腹痛、腹泻等症状，这些都是与接种疫苗相关的一些全身反应，一般无需特殊处理。如果体温超过 38.5℃，可以给宝宝使用退热剂。如果宝宝反复发热超过 24 小时，最好带宝宝就医。

43 怎样预防宝宝腹泻？

由于宝宝消化系统发育不成熟，调节功能差，抵抗力弱等原因，宝宝经常会出现腹泻问题，让很多家长感到担心、恐惧。其实，腹泻是可以预防的，下面我们从几个方面谈一下宝宝腹泻的预防。

（1）饮食卫生：母乳喂养的宝宝应注意母亲乳头的清洁，

喂奶前用干净毛巾仔细擦洗乳头，人工喂养的宝宝应注意奶具严格消毒，配奶前先洗净双手，喂剩的奶液应该丢弃，以免变质。

（2）辅食添加：宝宝4~6月添加辅食期间，应注意循序渐进，脂肪类不易消化的食物不宜过早添加。

（3）饮食规律：要养成宝宝进食的规律性，喂食过多、过少、不规律，都可能导致消化系统功能紊乱而出现腹泻。

（4）随季节调节：注意根据天气变化、季节变化及时增减衣物，防止宝宝腹部受凉导致腹泻。

44　怎样预防小儿肺炎？

肺炎是小儿时期的常见病，它严重威胁宝宝的健康甚至生命，所以，妈妈们一定要重视肺炎的预防。肺炎一年四季均可发生，冬春季多见。当宝宝营养不良、贫血或者缺钙患佝偻病时，身体抵抗力差，更容易患肺炎。

对于新生儿，一定要避免交叉感染，注意保暖，预防受凉，预防感冒。要坚持母乳喂养，待到合适月龄及时给宝宝添加辅食，提供全面的营养。平时要加强锻炼，

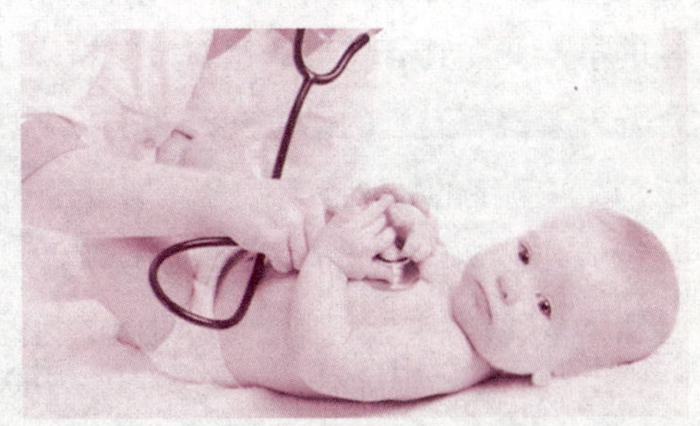

多到户外活动，提高免疫力。少去人多的公共场所，不接触病人，有感冒症状及时就诊。另外，一定要按时全程计划免疫。

 45 宝宝抚触有什么好处?

很多家长发现，每次带宝宝去洗澡的时候护士都会给宝宝做一个抚触，其实，宝宝出生后，尽早地和宝宝进行身体接触，帮助宝宝做抚触，会更加有利于宝宝的健康。那么，婴儿抚触对宝宝到底有什么好处呢?

（1）大量科学的研究告诉我们，宝宝出生后，母亲所发出的身体接触会让宝宝有很大的安全感，可以促进宝宝的身体发育，对出生时体重较轻的早产儿尤其有益。通过对宝宝特殊的轻柔的触摸，并配合着母亲富有爱心的语言交流，可以帮助刺激宝宝的淋巴系统，改善宝宝的血液循环，是帮助宝宝提高免疫力的方法之一。另外，抚触还能促进宝宝饮食吸收和激素的分泌，达到增加体重、缓解宝宝气胀、结实肌肉的目的。

（2）抚触能促进发育。专家通过实验证明，从出生起经常接受抚触的宝宝身体发育得更好。同其他温血动物一样，人类从一出生就有被抚触的需求，如果这类需求得不到满足，小孩就会出现生长迟缓、发育不良等问题。爸爸妈妈如果能经常和宝宝“肌肤相亲”，不仅能刺激宝宝的皮肤组织下的神经细胞发育，而且触觉所产生的刺激信息能传达到大脑，有助于大脑的发育。

(3)抚触能安抚情绪。爸爸妈妈对宝宝轻柔地抚摸，不仅是爸爸妈妈对孩子爱的体现，对孩子来讲，这也是他们分辨爸爸妈妈、感受爸爸妈妈柔情的时刻。爸爸妈妈的抚触很容易培养孩子对父母的信赖，所以宝宝总是能在妈妈的怀里睡得特别安稳。当孩子哭闹时，爸爸妈妈的轻抚和怀抱能让他们很快平静下来。

(4)抚触能促进孩子的性格发展。从小就与爸爸妈妈身体接触比较频繁的小孩，在家庭中能感觉到安全感，而且更容易建立起对他人的信任感。而这种信任感是儿童形成健全人格的基础，有利于孩子良好性格的养成。这类孩子长大后往往显得性格开朗、自信心强和富有爱心，社会适应性较强。

(5)抚触能加深孩子与父母的感情。国外的家庭，爸爸妈妈与子女间身体接触比较多，出门和睡觉前都有亲吻，而且在有需要时能随时拥抱，这样的氛围能减少爸爸妈妈与子女间的隔阂，加深他们的感情，也能让家庭成员像朋友一般相处。

46 宝宝缺锌有哪些表现?

宝宝缺锌危害很大，会使脑细胞数目减少，尤其在胎儿期到 3 岁期间，如果缺锌将影响脑的发育。缺锌还会降低免疫功能，导致经常患感染性疾病。缺锌还会导致食欲不振、生长发育缓慢等，可能对宝宝一生造成重大影响。因此，各位家长必须把宝宝补锌提上日程。那么，宝宝缺锌都有哪些具体表现呢?

（1）食欲减退：挑食、厌食、拒食，普遍食量减少，宝宝没有饥饿感，不主动进食。

（2）异食癖：乱吃一些奇怪的东西，比如咬指甲、衣物，啃玩具、硬物，吃头发、纸屑、生米、墙灰、泥土、沙石等。

（3）生长发育缓慢，身高比同龄组的低 3~6 厘米，体重轻 2~3 公斤。

（4）免疫力低下，反复呼吸道感染，如感染扁桃体炎、支气管炎、肺炎等，还有经常出虚汗、睡觉盗汗等现象。

（5）指甲出现白斑，手指长倒刺，出现地图舌（舌头表面有不规则的红

白相间图形)。

(6)多动、反应慢、注意力不集中、学习能力差。

(7)视力问题:视力下降,夜视困难,近视、远视、散光等。

(8)皮肤损害:出现外伤时,伤口不容易愈合;易患皮炎、顽固性湿疹等。

(9)口腔溃疡反复发作。

在判断宝宝缺锌的问题上,家长容易陷入两大误区:一是忽视症状;二是依赖检测。

家长之所以忽视症状,主要是因为缺锌的症状较多,也很常见,如挑食厌食、虚汗盗汗、反复感冒、头发稀黄、多动、注意力不集中、记忆差、反应迟钝、个子矮小、视力下降、消化功能差、口腔溃疡、皮炎、顽固性湿疹、伤口不易愈合等。有些症状还被误认为是其他原因造成的,时间一长,宝宝缺锌就越来越严重。

因此,如果发现宝宝有上述一项症状,就必须引起重视,符合两项以上就可以初步判断为缺锌,这也是临床判断缺锌的基本方法。症状表现越多、越明显,则表明缺锌越严重、持续时间越长。此外,还可以结合宝宝的体征,如地图舌、指甲白斑、皮肤粗糙等进行综合判断。

有些家长比较相信检测,过于依赖血锌、发锌或尿锌等检测结果。实际上,任何检测都会受到多种干扰因素的影响,准确性难以保证。在医学上,检测通常也只是在确诊的时候作为参考依据,关键还是看症状和体征。

47 宝宝缺锌的原因有哪些?

首先，在中国人的传统膳食习惯中，菜品通常是用煎、炒、烹、炸等高温手段烹制的，而高温的烹制过程会导致菜品中很多营养物质流失，特别是锌的流失很大。

其次，含锌较高的食物如动物肝脏和海鲜等，不是中国家庭常吃的食物，故导致中国儿童缺锌率很高，达到近60%，也就是说，平均不到2个宝宝就有1个缺锌。

另外，中国儿童厌食现象普遍，导致锌摄入不足，而锌元素是味蕾和胃肠消化功能发育过程中的必需物质，能够保障和促进味蕾和肠胃消化功能的正常发育，提高儿童对食物的敏感度和肠胃的消化功能，厌食导致缺锌，缺锌进一步加重厌食，恶性循环造成宝宝缺锌越来越严重。

48 缺锌的危害有哪些?

机体内缺锌会使脑细胞数目减少，尤其在胎儿期到3岁期间，如果缺锌将影响脑的发育。据有关营养调查表明，一些先天性呆傻儿童，当排除遗传等因素后，缺锌是重要原因之一。

缺锌还会降低免疫功能，导致经常患感染性疾病，原因是锌对吞噬细胞的杀菌能力有很大影响。

49 缺锌怎么补?

提倡母乳喂养，母乳中含有促进宝宝生长发育的锌，尤其初乳中含有大量的锌。人工喂养的宝宝需要按时添加辅助食品,同时注意补充含锌丰富的食品。

适量摄入含锌丰富的食物也是最有效的补锌方法。食物含锌量最高的是动物性食物，肉类、鱼类、动物的肝脏和肾脏、蛋类和水产类，如蛤、蚌、牡蛎等锌含量都较多，带壳的干果类如胡桃、栗子、花生米、芝麻等含量也较多。根据各种食物的含锌情况，注意在一日三餐膳食中合理搭配。

食物过度加工，会使锌遭受破坏，因此，烹调食物时要控制好火候，以减少锌的流失。

食物中的铁、钙、磷、铜等成分含量过高时，锌的吸收利用率就会降低。应在日常饮食中保证食物多样化，力求达到平衡膳食。

50 怎样预防铅中毒?

现代科学证实，人体不允许有丝毫铅的蓄积，理想的体铅水平应是“零”。但是，在儿保科对儿童进行体检时，发现很多血铅水平超标的例子。一般来说，医学上认为，血铅水平在 100 微克 / 升以下为正常，而最安全的血铅水平是 60 微

克/升。儿童铅中毒虽然可以通过治疗，避免对机体的进一步损害，但是这些治疗措施并不能改变铅中毒已经造成的神经毒性作用，其影响将是久远的。家长应该多了解预防儿童铅中毒的知识，帮助宝宝远离铅中毒困扰，健康地成长。

日常生活中有许多行之有效的预防措施：

（1）培养良好的卫生习惯，特别是要养成宝宝不吸吮手指、不将异物放入口中和吃东西前洗手的习惯，因为尘土中和孩子的玩具和用具（如铅笔）涂的油漆里含有大量的铅。一次洗手可以消除90%~95%附着在手上的铅，因此应养成饭前洗手的习惯，避免儿童从消化道摄入铅。

（2）清洁用具。用水和湿布清洗室内，去除铅尘。凡是儿童可以放入口中的玩具、文具或易接触的家具均应定期擦洗，避免铅的摄入。食物和餐具应该加盖，遮挡铅尘。

（3）让宝宝远离成人化妆品。由于铅的上色性非常好，许多化妆品（如口红、染发剂）、印刷品（尤其是彩色油墨）和绘有彩色花纹的陶瓷都含有大量的铅，所以要注意防止食品包装袋上的图案与食品直接接触，不要为宝宝选择内饰有花纹的碗和瓷杯，不要在家中用油漆美化墙壁。

(4)不要带着宝宝在交通繁忙区和工业生产区玩耍和长时间逗留。汽车行驶中排出的尾气使得道路两旁，尤其是1米以下的空气和灰尘中含有大量的铅。

(5)不要给孩子吃含铅量高的食品，如松花蛋和爆米花，水果要削皮后再吃。用传统方法生产的松花蛋含铅量非常高，即使只给孩子吃1/8个松花蛋，也使铅摄入量超过2岁儿童每天允许摄入量的5倍。应让孩子多进食牛奶、含维生素C的水果、海带、紫菜等，可以帮助排铅，降低儿童体内的铅含量。

(6)长期在街边工作或工作中长期接触铅的家长，下班前应洗手或洗澡，进屋前应更衣，防止将铅带入家中。

51 为什么宝宝容易贫血?

宝宝贫血主要是营养性缺铁性贫血，这是因为宝宝先天储存铁不足。正常足月宝宝从母体获得的铁足够其生后6个月的造血需要，但早产、双胎、胎儿失血以及母亲患有缺铁性贫血等，都可使宝宝先天储存铁不足。6个月以后应及时给宝宝添加强化铁或含铁丰富的辅食。如果宝宝挑食、偏食、饮食不均衡，导致铁摄入减少，就会容易发生贫血。

52 宝宝缺铁有哪些症状?

宝宝缺铁的症状表现和危害如下：

（1）宝宝缺铁的症状一般表现在皮肤黏膜苍白，口唇、口腔黏膜、眼睑、甲床、手掌最为明显，同时伴有精神不振，对周围环境反应差，有时烦躁不安，会有头昏、耳鸣、记忆力减退等不适症状。另外还可能有食欲不振、恶心、呕吐、腹泻、腹胀或便秘等现象，严重者有异食癖（吃纸屑、煤渣等）。

（2）宝宝缺乏铁，血红蛋白合成不足会造成贫血，进而造成组织供氧不足而带来各组织系统的损害。严重缺乏时，会损伤神经系统，影响婴幼儿认知、学习能力和行为发育，并可持续到儿童期，且是不可逆的损害，即使补充铁剂治疗后也难以恢复。

（3）缺铁还可能导致婴幼儿的心理活动和智力发育收到损害以及行为改变。这样的宝宝在成长过程中爱哭，易怒，对新鲜事物反应不灵敏，缺乏注意力和坚持性，常被认为存在性格障碍和情绪障碍，甚至被认为是多动症。这些宝宝在做智能测试时，语言和操作能力都比正常宝宝低。

（4）长期缺铁明显影响身体耐力，使机体免疫功能下降，增加宝宝感染疾病的机会。同时，缺铁时肠道有毒重金属吸收增加，如铅、镉等，铅中毒的概率增加，进一步对孩子造成危害。

53 怎样预防缺铁性贫血?

预防宝宝缺铁性贫血主要做到如下几点:

(1)孕期加强营养,摄入富含铁的食物。从妊娠第3个月开始,在医生指导下补充铁剂及叶酸等其他维生素和矿物质。

(2)提倡对早产儿和低体重出生儿进行母乳喂养,并在医生指导下补充铁剂,直至1周岁。人工喂养的宝宝应采用强化铁的配方乳,一般不需要额外补铁。

(3)足月儿尽量纯母乳喂养6个月,4~6个月时及时添加富含铁的食物,如强化铁的米粉、肉类等。4个月后的宝宝补铁可以吃动物的肝泥和血块、蛋黄泥,5个月后可以加烂粥、菜泥、肉泥,喝维生素C的果汁促进铁吸收。混合喂养和人工喂养应采用强化铁的配方乳。

(4)幼儿期应注意食物均衡和营养,纠正偏食等不良习惯;鼓励宝宝多吃蔬菜和水果,促进肠道铁的吸收;尽量采用强化铁的配方乳喂养。

54 哪些食物含铁丰富?

富含铁的食物包括肝脏、血块、畜禽肉、鱼类等,其中肝脏中铁的吸收率达10%~20%。维生素C可以促进铁的吸收,使食物中的铁转变为能吸收的亚铁。维生素 C 的主要来源是新鲜的蔬菜和水果，如油菜、花菜、包菜、菠菜、鲜枣、猕猴桃、草莓、柑橘、橙子等。

55 佝偻病有什么症状？

维生素 D 缺乏性佝偻病是婴幼儿期常见的营养缺乏症，一般人常称本病为“缺钙”，这是错误的，应是缺乏维生素 D。

（1）早期常烦躁不安，爱哭闹，睡觉易惊醒、汗多，特别是入睡后头部多汗，由于汗的刺激不舒服，故头常在枕头上摩擦，使脑后枕部半圈秃发，医学上称“枕秃”。

（2）以后逐渐出现骨骼改变，如前囟门闭合延迟（正常应在 1.5 岁前闭合），出牙晚，可晚至 1 岁才出牙，头较大呈方形，肋骨下缘外翻、鸡胸、“O”形腿等。

（3）到医院做血液化验可发现钙、磷含量偏低。

56 怎样预防佝偻病？

（1）鼓励母乳喂养，坚持母乳喂养至少 6 个月。

（2）自出生后 2 周起，每日给宝宝口服维生素 D 预防量

400 国际单位。

（3）多吃富含维生素 D 和钙的食物，如蛋黄、肝类、鱼类、奶类、豆类、虾皮等，不要吃过多的油脂类食物和盐，以免影响钙在体内的吸收。

（4）多带宝宝到户外活动。接受阳光照射，皮肤中的 7- 脱氢胆固醇经日光照射转变成维生素 D，这是最廉价安全的维生素 D 来源。每 1 平方厘米皮肤经照射半小时即可产生 20 微克维生素 D，每日晒 1~2 小时即可满足需要。

第四章 睡眠篇

57 宝宝夜啼怎么办?

详细来说,宝宝闹夜的原因可分为以下几种:

(1)环境不适应。

睡眠场所嘈杂,环境闷热,衣服、包被过少或过多造成冷热不适等。衣服包被过多是最常见的,尤其是出生头几个月,大人总认为宝宝容易着凉,所以穿得多又包得很紧,其实宝宝的新陈代谢率较大人高,怕热,加之包被过多很容易造成宝宝燥热,反而睡不好。褥子铺得不平,小衣服过紧或衣服的系带硌了宝宝,也会使宝宝哭闹。

解决方法:要给宝宝创造一个良好的睡眠环境,室温适宜、安静,光线较暗。盖的东西要轻、软、干燥。注意检查床上是否有可能硌着或扎着宝宝的硬物。睡前应先让宝宝排尿。

(2)口渴、饥饿或者过饱。

炎热的夏季,宝宝夜间出汗较多时往往会口渴,年龄较

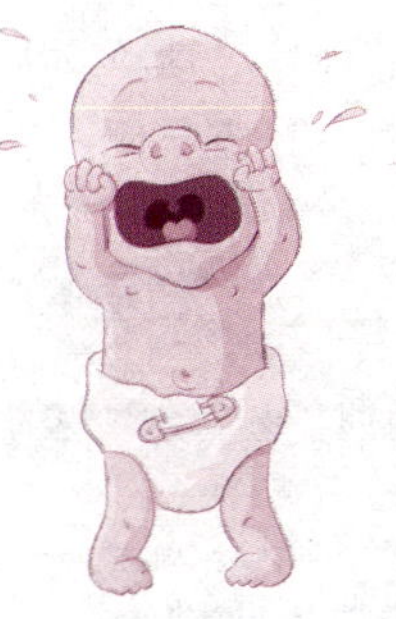

小不会说话的宝宝只能通过啼哭来表达。因宝宝的脾胃娇嫩，胃肠道功能尚未完善，如果饥饿或过饱，宝宝的胃肠都难以承受，从而导致夜间哭闹。

解决方法：夏季夜间要给宝宝补充足够水分。比较定时的哭闹同宝宝饥饿有关。母乳喂养者，要按需哺乳，如果宝宝吃奶中睡着了，可以弹弹宝宝的小脚心让宝宝吃饱再睡。人工喂养的宝宝，应考虑适当增加喂奶量，并查一下奶的质量，是否加水过多等。大龄宝宝注意晚餐进食要适量，不要过少也不要过饱。

(3)疾病影响。

上呼吸道感染、中耳炎、支气管炎、佝偻病、胃肠炎、肠套叠，都可能因为发热、鼻塞、耳痛、咽痛、呼吸不畅、腹痛等造成宝宝睡不安稳。这些疾病除了睡眠不安，常伴有发热、呕吐等其他特殊表现，所以父母应考虑就医解决。

(4)睡眠时间安排不当。

有的宝宝早晨起不来，到了午后 2~3 点才睡午觉，或者午睡时间过早，以至晚上提前入睡，半夜睡醒，没有人陪着玩就哭闹。

解决方法：首先，要确保宝宝基本的睡眠充足。虽然听上去有点有悖常理，但事实上，宝宝白天睡得越少，晚上就越不容易入睡，睡得也越不安稳。因此，要坚持让宝宝白天小睡，晚上在适当的时间让宝宝上床睡觉，养成早睡早起的良好作息规律，按时睡觉。

（5）睡前情绪兴奋。

如常在睡前逗笑或惊吓宝宝，让其情绪突然亢奋，会因为兴奋而晚上无法入睡，进而哭闹。

解决方法：在宝宝入睡前0.5~1小时，不要过分逗弄宝宝，不看刺激性的电视节目，不讲紧张可怕的故事，也不玩新玩具。应让宝宝安静下来，免得因过于兴奋、紧张而难以入睡。

（6）梦惊。

即使睡眠状况良好的成年人也会出现睡眠问题，有时候也会半夜突然醒来，所以，神经系统还没发育完全的婴幼儿更有可能出现夜惊（也叫梦惊）的现象，跟梦游很相似，但表现会更强烈。往往表现为平时睡眠不错，但有段时间晚上会突然醒来，大哭大闹，好像被吓到一样。

解决方法：当宝宝夜里“惊醒”时，家长要过去照看，但要做到“三不”，即“不拍、不摇、不抱”，更不要强行把宝宝弄醒，宝宝可能会以为你要伤害他。处理夜惊要顺其自然，你只需要站在旁边，确保宝宝不会伤到自己就行了。

58 新生儿需要用枕头吗？多大时可以用枕头？

在正常情况下，新生儿是不需要使用枕头的，这是因为

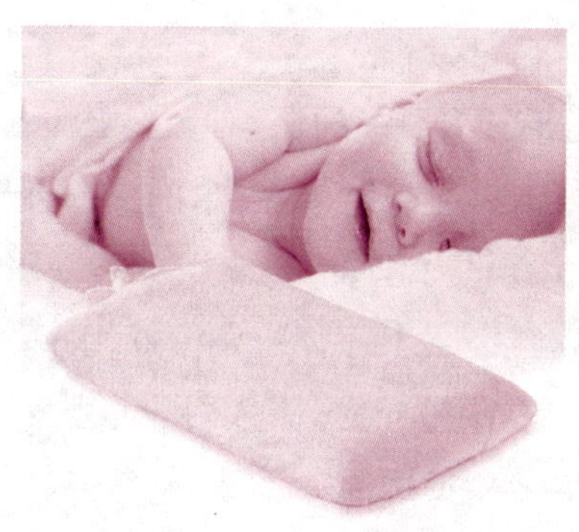

新生儿的脊柱是直的，没有成年人脊柱特有的生理弯曲。新生儿在平躺时，后背与后脑自然地处于同一平面上。因此，新生儿如果不用枕头睡觉，也不会因颈部肌肉紧绷而引起“落枕”。而且，新生儿的头部较大，几乎和肩部处于同一宽度，侧卧也很自然舒适。相反，如果头部被垫高了，反而容易形成头颈部弯曲，影响新生儿的呼吸和骨骼生长，甚至可能发生意外。但是，如果新生儿经常出现吐奶的现象，可以选择将宝宝的整个上半身适当垫高，或是让他侧睡。

婴儿大约从 3 个月开始，颈椎逐渐出现向前的生理弯曲，为了维持生理弯曲，保持体位舒适，就需要给宝宝选择合适的枕头了。

59　怎样给宝宝选枕头？

宝宝三个月后，就需要使用枕头，究竟如何给宝宝选购小枕头呢？

首先，不能买所谓的“定型枕”，因为小婴儿颅骨较软，囟门和颅骨缝尚未完全闭合，长期使用定型枕，易造成头颅变

形，影响外形美观，甚至会影响脑部发育。

枕头面料最好选纯棉、棉麻或者真丝的，这种面料吸汗、透气性好，柔软舒适无刺激，不易起静电，对宝宝的皮肤有益。不能选一些外观漂亮的化纤、仿真丝面料。

枕头填充物也需要天然健康，尤其不能有刺激性气味。可以选择一些天然丝绵质地的枕头填充物，大人用的荞麦皮或者茶叶等填充物是不太适合宝宝使用的。

枕头高度：宝宝3~5个月，枕头高度应以1~2cm为宜，这时可将毛巾对折一下给宝宝当作枕头。当宝宝6~8个月开始学爬、学坐时，胸椎开始出现向后的生理弯曲，同时其肩部也逐渐增宽，这时宝宝睡觉就应该垫上3~4cm厚的枕头。枕头过高、过低都不利于宝宝生长发育。常睡高枕头，容易形成驼背；而枕头过低，不能充分支撑住宝宝头部，不利于脊柱以及脊神经的生长发育，家长们一定要多加注意。

60 怎样给宝宝选购婴儿床？

无论家庭经济状况如何，都应该给宝宝准备一张合适的婴儿床，这对宝宝的安全和健康成长都是非常必要的。那么，该怎样选择婴儿床呢？

选择婴儿床的原则是安全、舒适和方便。

安全应当始终放在第一位来考虑，婴儿床必须符合严格的安全标准，否则其中的安全隐患有可能对宝宝造成很大的

伤害。购买时应对婴儿床作以下安全检查：

（1）测量床板和床体、床头等夹缝的间隙，如果间隙在6~11毫米之间，是不合理的，很容易夹着宝宝，造成危险。

（2）宝宝床都设有护栏，护栏的木条要光滑，木条之间的间隔应在9厘米以下，即宝宝的拳头能伸得出为好。间距太小，影响宝宝观察床外的世界；间距太大，宝宝的头甚至身体就有可能伸出去。

（3）护栏高度一般不低于60厘米，如果太低，宝宝可能会爬过护栏坠出床外，如果太高，大人抱起或者放下宝宝都不方便。

（4）仔细检查床的做工，看看床内部有没有突起的螺钉，床表面有没有缺口和尖锐的边角，如果是木制床，木料表面要光滑无木刺，以免刺伤宝宝的皮肤。

（5）如果你准备买有轮子的小床，必须注意它是否有制动装置，并且要看看制动装置是否牢固。有些婴儿床是可以晃动的，这种床一定要注意连接是否紧密。

在材料的选择上，最好选环保木料，金属小床虽然结实，但质感冷硬，不适合宝宝。

婴儿床的大小可根据房间的大小而定。最好是选择可

以调节长短的床，随着宝宝身高的增长而进行调节。但要注意可调长短的床一定要结实，以免发生事故。

61 怎样训练宝宝规律睡眠？

家里有初生宝宝的家庭，常常会听到大人反映“宝宝睡倒觉啦”，就是宝宝白天睡觉多，夜间反而不睡，白天黑夜搞颠倒了似的，弄得家长憔悴不堪。那么，怎样让宝宝养成良好的睡眠习惯呢？

（1）白天不要睡太多。如果发现宝宝白天睡眠太多，大人就要适当控制，比如和宝宝玩，不要刻意给宝宝创造适合睡眠的环境，要照常活动，让宝宝知道这是白天，是活动的时间，而且要避免宝宝进入午睡时间太晚，如果在下午四五点钟以后午睡，宝宝有可能晚上就睡不着了。

（2）培养规律的睡眠时间。让宝宝延后就寝时间，会让宝宝睡得更久。睡前适当多玩一会，并且在宝宝起床后喝奶，这样就很容易形成规律，养成固定的起床时间。大清早是宝宝最敏感的时候，应尽量避免吵闹，以免吵醒宝宝，打乱宝宝养成规律睡眠时间的过程。

（3）建立良好的睡眠仪式。睡前避免让宝宝进行剧烈活动或者过于兴奋，不要看太刺激或恐怖的画面，以免宝宝大脑静不下来，或因为害怕而不敢入睡。在睡前进行一些舒服且安静的仪式，例如沐浴、换舒服柔软的睡衣、漱口或刷牙、按摩、睡前故事、听轻音乐或催眠曲等，让一切都舒缓、安静下来，有助于培养宝宝睡意，减少入睡所需的时间，使其睡得更安稳。

62 为什么新生儿不宜与大人同床而眠?

很多妈妈为了便于照顾宝宝，在宝宝出生后就把宝宝放到自己身边，夜间同床同眠。这些妈妈认为，同床睡喂奶更方便，也可以加强母婴联系。殊不知，不到3个月还不会翻身的宝宝以及早产儿、低体重儿，和父母同睡一张床会增加意外受伤和死亡的风险，宝宝有可能被压到、坠床、被大人的被子盖住影响呼吸、窒息等等。据英国《独立报》报道，英国婴儿死亡调查小组在调查中发现，猝死婴儿中有四分之一是和父母同睡一床，没有任何征兆，发热、窒息而死。

现在世界上许多国家都提倡母乳喂养婴儿，许多婴儿专家也极力呼吁妈妈用乳汁喂养宝宝，因此让新妈妈和宝宝睡在一起，方便照顾，增加感情。但是，调查小组并未发现与婴儿同睡能够促进母乳喂养。有些妈妈在给婴儿喂奶的时候，婴儿还没有睡着她自己先睡着了，婴儿很容易被捂死。

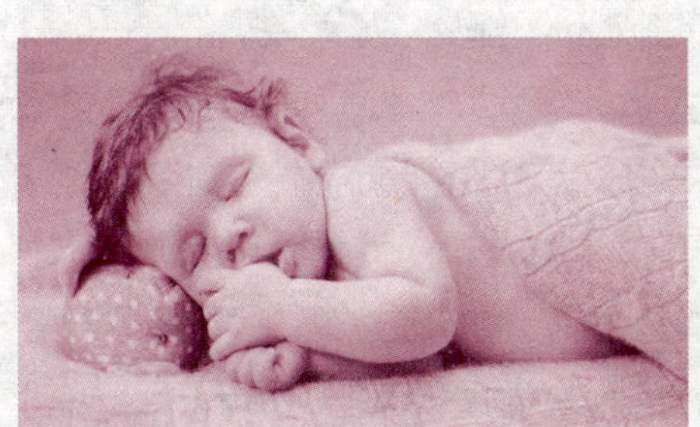

因此，宝宝出生后就应该有自己单独的婴儿床，靠在妈妈床边，方便妈妈照顾，喂奶时可以把宝宝抱到妈妈床上，妈妈也可以躺着喂奶，但前提是妈妈是醒着的，一旦父母准备睡觉，就要把宝宝放回他们的小床里。

63 大龄宝宝可以与父母同床睡吗?

随着宝宝逐渐长大，仍然不提倡宝宝与父母同床而眠，原因如下：

（1）不利于宝宝睡眠质量。

如果宝宝与父母同睡，特别是夹在大人中间，虽然照顾上方便一些，但会给宝宝的健康带来一些损害。睡在大人中间的宝宝，身边堆满大人的厚重衣被，不小心就会压住宝宝；大人睡眠时呼出的二氧化碳会整夜弥漫在宝宝周围，使宝宝得不到新鲜的空气，出现睡眠不安、做噩梦及夜里啼哭的现象；如果与大人一个被窝，大人身上的病菌容易传染给宝宝；有时父母翻身或动弹时还会惊醒宝宝，影响睡眠质量。因此，让宝宝独自睡觉有利于他们的健康。

（2）不利于促进夫妇关系。

家里增添了宝宝，家庭生活的重心就都转移到了宝宝身上，由此，夫妻之间沟通、交流及相互关心比起以前少了许多。经常是妈妈一到晚上，就要哄宝宝入睡，遇到难缠的宝宝还要哄好长时间。待宝贝入睡后夫妇都已困倦不已，长期下去势必会影响感情。

（3）不利于从小培养内心独立。

内心能否独立是婴幼儿能否正确认识自我的一项重要指标。研究表明，宝宝的独立是从形式到内容的，所谓形式是看得见摸得着的宝宝行为方式，而内容则是宝宝的内心。让宝宝适龄与父母分床，有助于独立意识和自理能力的培养，并可促进心理成熟。宝贝在自己一个人时或在没有大人协助时能够做很多事，如自己跟自己玩耍，和自己说话等等，可以防止长大后对父母过度依赖，并在日后感到孤独寂寞时，儿时的独处经历会帮助他们很快适应周围环境。

64 宝宝睡觉爱出汗正常吗？

很多家长发现，宝宝经常在入睡后不久就满头大汗，有些家长认为这是缺钙或者体质虚弱、身体有病的表现，其实，宝宝在睡眠中出汗是有很多原因的，分为生理性出汗和病理性盗汗。

我们主要说一下生理性多汗。所谓生理性多汗，是指宝宝发育良好，身体健康，无任何疾病，但是睡眠中却会出汗。生理性多汗多见于头和颈部，常在入睡后半小时内发生，1 小时左右深睡后就不再出汗了。那么，宝宝为何会出现生理性多汗呢？这主要是由宝宝的身体机能特点决定的。

婴幼儿期由于新陈代谢旺盛，加上宝宝活泼好动，有的即使晚上上床后也不安宁，所以入睡后头部也可出汗。

保暖过度、室温过高会导致生理性出汗。家长往往习惯于以自己的主观感觉来决定小儿的最佳环境温度，自己感到冷，就喜欢给宝宝多盖被，导致宝宝入睡后出汗。还有夏季气温较高，散热不良，宝宝睡觉时就容易出汗。

有些活泼好动的宝宝，白天运动量大，产生的热量多，机体没有能力将多余的热量通过出汗散发出去，热量积聚在宝宝体内，宝宝晚间体温可达 38℃左右。宝宝入睡后，产生的热量减少，交感神经敏感性减弱，身体便通过出汗散发多余热量，以维持机体正常体温。

此外，小儿在入睡前喝牛奶、吃巧克力等也会引起出汗。摄入以上热量较高的食物入睡后，机体大量产热，宝宝睡着了，就会通过皮肤出汗来散热。

以上这些都属于生理性多汗。对于生理性出汗，家长不必过于担心，这只是宝宝生长过程中的一种生理现象，随着宝宝年龄的增长，这种现象会逐渐减少。

65 宝宝睡觉磨牙怎么办?

宝宝晚上睡觉磨牙并不少见，很多时候，家长都认为是孩子肚子里有寄生虫。其实，很多原因都会导致孩子在睡觉时把牙齿咬得咯咯响。

宝宝睡觉磨牙主要有六大原因：

（1）肠道寄生虫：最常见的是蛔虫。蛔虫寄生在宝宝的小肠内，不仅掠夺营养物质，到了夜间虫体还会四处活动，刺激肠壁，分泌毒素，引起消化不良。宝宝的肚子经常隐隐作痛，导致其失眠、烦躁和睡觉磨牙。另外，蛲虫也会引起磨牙。蛲虫平时寄生在人体的大肠内，宝宝入睡以后，蛲虫会悄悄地爬到肛门口产卵，引起肛门瘙痒，使宝宝睡得不安稳，出现磨牙。

应对策略：给宝宝驱虫。平时养成饭前便后洗手的良好卫生习惯。

（2）晚餐过饱。晚餐吃得过饱，或者临睡前加餐，不仅增加胃肠道的负担，还会影响营养素的吸收和利用。因为入睡时，胃肠道里还积存着大量没有被消化的食物，整个消化系统就不得不“加夜班”，连续工作，甚至连咀嚼肌也被动员起来，不由自主地收缩，引起磨牙。

应对策略：不要在临睡前让宝宝吃得过饱，吃饱后稍微待上一会儿再让宝宝上床睡觉。

（3）维生素缺乏。患有维生素 D 缺乏性佝偻病的宝宝，由于体内钙、磷代谢紊乱，会引起骨骼脱钙、肌肉酸痛和植物神经紊乱，常常会出现多汗、夜惊、烦躁不安和睡觉磨牙等表现。

应对策略：在医生的指导下给宝宝补充维生素 D 及钙制剂，平时多晒太阳，夜间磨牙情况会逐渐减少。

（4）睡眠姿势不好。如果宝宝睡觉时头经常偏向一侧，

会造成咀嚼肌不协调，使受压的一侧咀嚼肌发生异常收缩，因而出现磨牙。如果宝宝晚上蒙着头睡觉，由于二氧化碳过度积聚，氧气供应不足，也会引起磨牙。

应对策略：如果发现宝宝睡姿不好，及时帮他调整。平时不要让宝宝养成蒙头睡觉的习惯。

（5）牙齿排列不齐。咀嚼肌用力过大或长期用一侧牙咀嚼，以及牙齿咬合关系不好，发生颞下颌关节功能紊乱，会引起夜间磨牙。而且，牙齿排列不整齐的宝宝，他的咀嚼肌的位置也往往不正常，晚上睡眠时，咀嚼肌常常会无意识地收缩，也会引起夜间磨牙。还有一些口腔疾病也是导致宝宝夜间磨牙的原因。

应对策略：定期带宝宝去看牙科医生，根据医生的建议做牙齿矫正和口腔疾病的治疗。

（6）精神因素。有少数宝宝平时晚上并不磨牙，但如果临睡前听了扣人心弦的故事，或刚看完恐怖、紧张的电视或动画片后，由于神经系统过于兴奋，也会出现夜间磨牙。另一个原因是压力大（通常表现为神经紧张或愤怒），如不适应幼儿园生活、害怕班里的某个小朋友、与父母或者家人争吵等，都会令宝宝的精神紧张，导致宝宝晚上睡觉磨牙。此外，一些过度活跃的宝宝也会发生夜间磨牙。

应对策略：睡前不要让宝宝看那些过于刺激的电视。经常和老师、宝宝沟通，如果宝宝有心结，及时帮他解决，解除他的心理压力。

还有些宝宝磨牙实际上是他们对疼痛（如耳痛或牙痛）的一种反应。和搓揉酸痛肌肉一样，宝宝磨牙也是缓解疼痛的一种本能。随着宝宝年龄的增长，这种现象会自动消失。

综上所述，宝宝夜间磨牙是由多种因素引起的，只有排除上述各种原因，纠正不良的生活习惯，宝宝磨牙才会逐渐好转。对于顽固的磨牙症，可使用牙垫，以保护牙齿，或者在医生的指导下，临睡前服小剂量镇静剂，以降低大脑某区域的兴奋性，抑制磨牙。

66 新生儿应该采用什么样的睡姿？

新生儿除了吃奶以外，大部分时间都是在睡眠中度过的。家长都希望宝宝有很好的睡眠质量，其实宝宝的睡眠质量与他的睡眠姿势密不可分。我们知道，人的睡眠姿势有三种：仰卧、侧卧和俯卧，那么新生宝宝究竟采用哪种睡眠姿态最好呢？下面让我们来介绍一下各种睡姿的特点：

（1）仰卧睡姿。

仰卧的优点：

①仰卧时便于父母直接观察宝宝脸部的表情。

②宝宝的后脑可睡平，形成所谓的“方头大脸”，宝

宝的内脏器官受到压力较小,宝宝的四肢能够自由地活动。

仰卧的缺点:

①对宝宝的呼吸不利。由于重力的关系,喉部会阻挡呼吸气流自由进出气管口,一旦气流阻力增大,宝宝在仰睡时呼吸就会有杂音(鼾音),造成呼吸困难,对原本呼吸就不顺畅的婴幼儿不合适。

②容易发生窒息危险。有些宝宝容易发生溢奶,奶液由胃反流到食道,会聚积在宝宝的咽喉处,不易由口排出,较易呛入气管及肺内,发生窒息的危险。

③在新生儿期,宝宝的头颅还没有定型,仰卧总是朝着一个方向睡,就会形成扁头,影响头型美观。

④宝宝身体较脆弱的一面暴露在外,容易着凉,而且新生儿初来人世,心理上也有不安全感,不易熟睡。

(2)侧卧睡姿。

侧卧的优点:

①侧卧的姿势能使全身肌肉放松,得到充分休息,提高宝宝的睡眠时间和质量。

②宝宝右侧卧位,有利于胃内食物顺利进入肠道,即使发生溢奶,口腔内的呕吐物也会由嘴角流出,不至于流入咽喉引起窒息。

③右侧卧位可以避免心脏受压。

④侧卧可以减少宝宝睡觉打鼾。打鼾多由咽喉部分泌物及软组织相互振动而产生,侧卧可以改变咽喉软组织的位

置，减少分泌物的滞留，使宝宝的呼吸更顺畅，从而减少打鼾。

侧卧的缺点：

①如果总是侧睡，容易发生脸部两侧发育不对称以及歪扁头，或形成“招风耳”，也有可能造成斜视。

②宝宝不容易维持侧卧的姿态。

③左侧卧位容易引起呕吐或溢奶。

（3）俯卧睡姿。

俯卧的优点：

①俯卧睡姿不但不会影响反而有助于胸廓和肺的生长发育。因为趴着时宝宝的胸部压迫床，床会给宝宝一个反作用力，正好按摩小儿的胸廓，提高宝宝的肺活量，促进呼吸系统的发育成熟，尤其是对未满月的新生儿是有保健功能的。

②宝宝如果发生吐奶时，也会顺着嘴角流出，不至于因呕吐物吸入气管而发生窒息危险，因此在许多国家都喜欢让孩子以俯卧姿势入睡。

③胎儿在妈妈子宫里的时候，是腹面部朝内，背部朝外的蜷曲姿势，所以，俯卧睡姿容易让宝宝获得安全感。这种姿势是最自然的自我保护姿势，宝宝容易睡得熟，从而减少哭闹，提高睡眠质量。

④俯卧时面部朝下，后脑勺朝上，不会导致头部变形，容易塑造完美头型。

俯卧的缺点：

①父母不容易观察宝宝的肤色和表情。

②宝宝口水不易下咽,造成口水外流。

③口鼻容易被被褥等外物阻挡而造成呼吸困难。

④宝宝的四肢活动不方便。

⑤趴睡时胸腹部紧贴床铺,不利于散热,容易引起体温升高,或者由于汗液积于胸腹而产生湿疹。

(4)三种睡姿交替睡最佳。

宝宝的三种睡姿各有优缺点,所以我们建议宝宝特别是一岁以内的小宝宝要仰卧、俯卧、侧卧三种姿势交替睡,最好不要固定一个姿势。

如果不能随时有人在旁照料,则以仰卧为主,有人照料时以俯卧为主,当宝宝生病(如感冒、发烧)时,体力肌肉会变弱,最好还是采用仰睡姿势。

父母要根据具体情况交替选择适合宝宝的睡眠姿势,同时还要为宝宝创造良好的睡眠环境,从小培养宝宝良好的睡眠习惯,促进宝宝健康成长。

67 宝宝夜间"尿床"正常吗?何时需要看医生?

宝宝夜间遗尿是一个普遍的现象。一般而言,1 岁半时宝宝能控制白天的排尿,随着年龄的增加,夜间遗尿发生率逐渐减少,5 岁时大约有 15%小儿有夜间遗尿,10 岁时 5%~6%,15 岁时只有 1%,男孩比女孩多见。

随着神经系统发育的不断完善，正常婴儿及幼童的膀胱对排尿的控制会自然形成，不需要特别的指导和训练。但如果5岁或5岁以上的儿童多次发生入睡后无意识排尿，每周达2次以上并且持续至少6个月，而清醒状态下则无此现象，则应被视为异常，医学上称之为原发性夜遗尿症，此时应该就医诊治。

第五章 体格、智力发育篇

68 怎样给宝宝进行体格锻炼?

宝宝的体质强弱既受到先天因素的影响，又与后天的营养和体格锻炼有关。体格锻炼对宝宝非常重要，可以增强体质，提高抵抗力，减少疾病。那么，宝宝应该怎样进行体格锻炼呢?

(1)合适的穿衣本身对宝宝就是一种适应气候的锻炼，穿衣要适宜，随气候而变化，避免过多。经常少穿衣服是对皮肤的一种锻炼，可以让宝宝皮肤更好地适应气温变化，可以从小让宝宝养成少穿衣服的习惯。

(2)户外活动：根据宝宝的年龄和不同季节的特点，安排各种户外活动，时间和次数不断增加。只要

风和日丽，户外温度在零度以上，空气质量在良以上，就可以让宝宝在户外活动。

（3）水浴：宝宝在脐带脱落后就可以经常进行温水浴，水温一般在 37℃ ~37.5℃。宝宝 2 岁以上可以进行淋浴锻炼，开始水温一般在 35℃左右，以后逐渐下降到 26℃ ~28℃。淋浴的水流冲击可以对宝宝的皮肤起到按摩作用，但要注意冲击力不可过大。

（4）日光浴：日光对宝宝的生长发育、新陈代谢具有非常重要的作用。注意锻炼时戴遮阳帽，年长的宝宝可以戴太阳镜，保护面部皮肤和眼睛，气温高时可以全身日光浴，注意掌握时间，避免晒伤。在进行户外日光浴的同时也进行了空气浴，一举两得。

（5）空气浴：健康宝宝从出生后就可以进行适当的空气浴。一般先从室内锻炼开始，可以和做操、游戏等结合进行。宝宝除了穿三角裤以外不穿衣服，开始气温在 20℃左右，以后逐渐降温，温度不低于 10℃。需要注意的是，宝宝生病期间，或者遇大风、高温高湿等气候剧变不宜进行。

（6）宝宝抚触：从出生后给宝宝做的全身按摩，叫做抚触，可以使宝宝全身皮肤、肌肉得到按摩，促进血液循环，并被动地得到了锻炼。一般在宝宝洗澡之后抚触，最初持续 5 分钟，逐渐延长到 10 分钟，每天 1~2 次，手法从轻柔开始，慢慢增加力度，以宝宝舒服、合作为宜，不能强迫。

（7）体操：体操是全身锻炼，可以促进肌肉、骨骼生长，增

强呼吸、心血管功能和新陈代谢，起到增强体质、预防疾病的目的。1 岁以内的宝宝做被动操和主动操。被动操适合 2~6 个月的宝宝，主动操适合 6~12 个月的宝宝。随着年龄增大，可以带领宝宝做一些徒手操、广播操等。

69 为什么说学步车弊端多多？

宝宝学走路是个非常关键的时期，很多家长在宝宝学走路时期感觉劳累，尤其是上了年纪的老人，于是，省力又省心的宝宝学步车应运而生。那么，使用学步车利弊何在呢？下面我们就来详细分析一下学步车的优缺点。

（1）学步车的优点。

①使宝宝克服胆怯心理，成功独立行走。

②比宝宝扶桌腿或其他物品学走路更不易摔跤。

③在某种程度上解放了家长（不必夹着、扶着、拉着宝宝学走路等）。

（2）学步车的缺点。

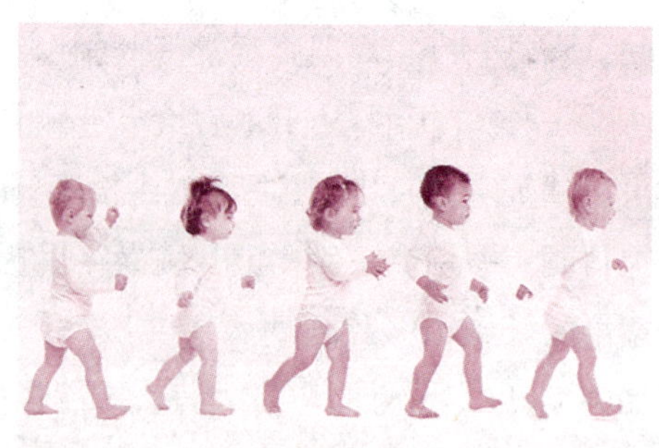

宝宝的骨骼中含胶质多、钙质少，骨骼柔软，而学步车的滑动速度过快，宝宝不得不两腿蹬地

用力向前走，时间长了，容易使腿部骨骼变弯形成罗圈腿。

在正常的学步过程中，宝宝是在摔跤和爬起中学会走路的，这有利于提高宝宝身体的协调性。借助学步车学会走路的宝宝，反应能力、协调能力不佳，一旦脱离学步车，对独立行走容易信心不足。

增加了宝宝学步的危险性。一些爸妈常将宝宝搁置在学步车中，就去忙其他的事情，容易使宝宝发生意外，如撞伤及接触危险物品等。

虽然使用学步车既有优点也有缺点，但大部分育儿专家是不主张使用学步车的，我们还是建议家长们辛苦一点，让宝宝在自然的条件下顺利学会走路，迈好人生第一步。

70　宝宝抚触有什么好处？

“宝宝抚触”是通过抚触者的双手对宝宝的皮肤进行有次序的、有手法技巧的科学抚摸，让大量温和的良好刺激通过皮肤传到中枢神经系统，以产生积极的生理效应。每天给新生宝宝进行科学和系统的抚触，可以非常有效地促进宝宝的生理和情感发育，并改善宝宝睡眠状况，提高机体的免疫力。

（1）提高睡眠品质。

新生儿常有睡眠周期不固定、夜晚容易惊醒的情况，经各项医学研究发现，这些困扰都可以借由宝宝抚触和按摩获得有效的改善。因为通过对宝宝的触摸，可刺激血液中“褪

黑激素”浓度升高，帮助宝宝建立睡眠周期，调节日夜周期性韵律。

（2）促进胃肠蠕动。

宝宝喂奶后常见的腹胀、打嗝的现象，传统方式常以手拍背部二十到三十分钟舒缓，但研究发现，如果对宝宝作腹部按摩三到五分钟，以顺时针方向（与肠胃消化方向一致），有助于宝宝的肠胃蠕动，比传统拍背的方式更为有效。

（3）有助情绪稳定。

宝宝脑部的发展在胎儿期早已开始，触觉则是最早发展的感觉器官，触摸按摩可以刺激神经末梢，引起神经冲动，经由脊髓传到脑部，让人产生松弛舒畅的感受，所以通过触摸，不但可以刺激宝宝的感觉器官，更能够调节情绪反应，达到平衡状态。

（4）刺激听觉和视觉。

父母在触摸宝宝时，还可以和宝宝说话或唱歌给宝宝听，宝宝在感受抚触的愉悦时，也能够专注聆听和观察父母的声音、表情，同时接触到听觉和视觉的刺激。

（5）增进亲子情谊。

父母忙于工作，亲子之间的互动明显减少，许多父母表示，替宝宝按摩是非常愉快的经验，感觉宝宝也很喜欢。每天十到二十分钟触摸宝宝的肌肤，是增进亲子情谊最好的方式。

71 给宝宝做被动操有什么好处?

(1)做好婴儿操是婴儿生理活动的需要。从生理上来说,孩子刚出生后还保持着胎儿的姿势,其姿势像蜷曲的小动物一样:屈体、盘腿、收腹、弯腰、团背等。慢慢地手脚才会乱动,除去和改变这种胎儿姿势是人体发展的需要,做婴儿操不仅可以锻炼全身肌肉和关节,而且可以尽快改变这种姿势,使孩子更健美。从生理上说,父母给孩子被动做操,天天面对孩子,哄着孩子玩耍,把爱和信赖注给幼小的生命,这种充满爱、柔情和快乐的感情会使孩子的心灵得到满足。心理上的温暖和平静,可以促使孩子心理正常发育。

(2)做婴儿操可以锻炼身体,使肌肉发达有力,关节灵活自如,器官健康,功能协调。因此,经常做婴儿保健操的孩子通常会变得更加活泼、天真、伶俐、可爱,更加健美漂亮,各种肌体的功能和智力得到提前发育。

72 该不该给宝宝把大小便?

在我们国内,很多老人都早早地给宝宝把屎把尿,为的是早早训练宝宝控制大小便,而西方发达国家则提倡给宝宝穿纸尿裤,让宝宝自由地大小便,那么,到底该不该给宝宝把屎把尿呢?从医学的角度来说把屎把尿危害很多:

（1）影响宝宝脊椎发育，可能造成脊椎变形。

（2）影响宝宝的膀胱括约肌发育。

大人给宝宝把尿的时间往往是随机掌握的，并不是膀胱充盈的状态下产生尿意的时候而尿的，这样宝宝的膀胱括约肌总是得不到尿液充盈的刺激和锻炼，必然影响其发育，从而影响了宝宝自主排尿意识的形成。

（3）容易引发痔疮和脱肛。

婴儿的尿道括约肌、肛门括约肌，要在 3 岁左右才完全发育成熟，这是人控制便尿的生理基础，在此之前，宝宝是没有能力完全控制排便排尿的。尤其是 1 岁以前，与其说把尿是训练宝宝，不如说是训练家长找到宝宝比较容易排尿的时间，比如吃奶后 5~15 分钟或睡醒后。

这还算是比较成功的排尿训练，失败的排尿训练在 1 岁前比比皆是，后果是宝宝完全不知道根据便意排尿，只知道根据“被把”这个动作来反射性排尿。比如经常听到很多家长抱怨说，宝宝晚上不能安睡，非要把 1 次尿才能接着睡，甚至白天都不把不尿，只知道因为憋尿而哭闹。1 岁之后，宝宝们开始有了一点控制便尿的能力，但是并不完善。这和老年人控制不好大小便是一个道理。很多家长苛求宝宝，一旦宝宝把尿时不尿，或者不把尿的时候自己尿了，就会责怪宝宝，甚至用呵斥打骂的方法来要求宝宝尿尿之前必须告诉家长。这种做法显然不可取的。

实际咨询中发现，晚上穿纸尿裤睡觉的宝宝，很多在 2

岁前后甚至更早就能够控制夜尿，或者整夜憋尿到早上。而夜里把尿的宝宝，2 岁时多数还需要烦劳父母半夜起来把尿。不把尿的宝宝，更是普遍较早开始主动告知便尿，较早开始会使用尿盆，或蹲下尿尿。

这是因为不把尿的宝宝，一直以来都是依据便意来排尿的，所以对便意的掌握比较好，而过多把尿的宝宝，始终在根据便意排尿和根据把尿动作排尿之间混淆，对便意的掌握很差。

73 怎样训练宝宝排尿？

宝宝 1 岁半左右，有时就能在排尿前提前告知了。这意味着妈妈可以开始做些基本的排尿训练了。（当然，如果继续给宝宝穿纸尿裤，等到 2 岁再开始训练也是完全可以的，且宝宝会学得更快。）

首先准备一个方便而可爱的尿盆，让宝宝愿意在有尿意时主动去找尿盆或者告诉大人。让宝宝慢慢学会自己脱裤子、提裤子，学会控制自己准确坐上尿盆的动作，和不尿到外面的技巧。这些能力的提高，还会增强宝宝的自信。（如果这时还在把尿，甚至因为宝宝不配合把尿或不提前告知排尿而呵斥宝宝，宝宝能学会什么呢？）

市面上卖的尿盆有很多种，有跨坐的，有靠背式的。妈妈可以根据宝宝的爱好来选择，一种不喜欢就换一种试试。

很多妈妈发现，领宝宝到卫生间，让宝宝学习蹲下尿尿也是一个很有效的办法。

国外很多父亲在帮两三岁的男孩子学习尿尿时，会带宝宝到尿盆或者小马桶旁边，或者在马桶旁摆个脚凳，丢一个麦圈到水里，让男孩子瞄准麦圈“开火”。这样积极引导的创意，是父母对孩子进行排尿训练时的好思路。

还有一个广泛适用的办法，就是大人上厕所的时候让孩子进来“观摩”。小孩子都是从模仿中学习的，尤其喜欢模仿大人的做法，做起来觉得自己很厉害的感觉。告诉宝宝，“妈妈想尿尿了，要去厕所，坐在马桶上，然后嘘嘘，然后起来提裤子，然后冲水。”很多宝宝会仅仅因为喜欢冲水而喜欢使用马桶的。

74 怎样训练宝宝的视觉？

可以从以下三个方面来训练宝宝的视觉：

（1）训练孩子的色感（对色彩的分辨能力）。平时有意识地让孩子看各种色彩的图画、玩具、物件、彩纸等，孩子的服饰、被褥、用具等日常生活用品应色彩鲜艳并经常变换色彩。孩子的小床周围可挂各种色彩的彩带、气球、挂件等。家长也可以自制各种颜色的玩具，如将乒乓球染成不同的颜色，用线串挂在孩子小床上方，或用彩纸做成五颜六色的小花挂起来。孩子在接触各种色彩的过程中，成人教给孩子红、绿、蓝等词，以词语强化这种分化能力，如气球是绿色的、小花是红色的等。

（2）训练孩子对空间距离的准确性。也许稍稍注意一些就会发现，当孩子发现一件距他很远、用手摸不着的东西时，孩子会用手去抓。这表明孩子视觉判断物体距离远近的水平还很低，还不善于准确衡量物体的空间距离。因而，可为孩子提供各种玩具或物体，让他探究、触摸各种在不同距离上的玩具，使孩子在实际活动中掌握物体间的距离并逐渐准确化。

（3）训练孩子手眼的协调能力。为孩子提供各种各样的物体和玩具，引导孩子从不同的角度抓握、触摸、玩弄物体。在如此循环反复的训练中，孩子会逐渐地把眼睛看见该物体所得到的印象，手触摸物体所得到的印象联系在一起，从而达到手眼协调活动。

75 怎样训练宝宝的听觉？

从宝宝出生起，家长每天就会用语言、表情、动作与宝宝交流。宝宝的听力从出生就有，听觉能帮助宝宝辨听周围环境中的多种声音，宝宝凭借听觉学习语言交流，一岁以内是儿童语言发展最至关重要的时期，因此，听觉对于1岁以内的宝宝是相当重要的。如何训练1岁以内宝宝的听觉能力呢？

（1）跟宝宝多交流：从宝宝出生起，家长就要多跟宝宝交流，不要担心宝宝听不懂，也不要认为跟不会说话的孩子交流多此一举。此时的宝宝对语言有浓厚的兴趣，妈妈可以用温柔、缓慢、清晰的语调跟宝宝说话，或者给宝宝讲故事、唱歌，吐字一定要清晰，这有助于宝宝理解语言的深奥，早日说话。

（2）听故事机：给宝宝买一台电子的故事机，里面涵盖故事、诗歌、音乐、英语等，不同的发声载体有其独特的特点，音乐或欢快或缓慢，故事引人入胜洋洋洒洒，诗歌情感丰富、节奏鲜明，英语发音独特。耳边经常缭绕各种声音，对宝宝早日学会开口讲话有很大的作用。

（3）听各种声音：给宝宝聆听各种声音，让宝宝知道声音的奥妙，如在宝宝的床边按摇铃，买会发出叫声的动物玩偶，宝宝用手捏玩具就会发出动物叫声。

（4）听音找物：在宝宝视线外播放声音，让宝宝寻找声源，锻炼宝宝耳朵辨听方向的能力。此时要观察宝宝的视线，是否眼睛转向有声音的方向，若宝宝对声音置之不理，多重复几遍，看宝宝是否有反应。

（5）互动游戏：妈妈收集生活中宝宝了解到的声音，然后模拟给宝宝，让宝宝去找发声体。如妈妈模仿小狗“汪汪”叫，让宝宝从玩具中找出小狗玩偶，如果宝宝成功地将小狗玩偶送到妈妈手中，说明宝宝彻底领悟了。

（6）敲击发出各种声音：声音有很多种，用筷子轻轻敲打家中锅、碗、瓢、盆，都会有不同的声音，对比敲打桌子、玩具、地板等声音让宝宝辨听，让宝宝理解不同的物体经过敲打有其独特的发音。

76 怎样训练宝宝翻身和俯卧抬头？

刚开始宝宝因为身体柔软，只能躺在床上看着天花板发呆，过了几个月后宝宝的背部和颈部渐渐有了肌肉，已经不满足于盯着天花板的日子，他们会开始出现摆动身体、翻转身躯的动作，这时候妈妈要教宝宝翻身的动作，为以后的学爬打下基础。

(1)把宝宝放在床上，用玩具或者其他东西吸引宝宝的注意力，当宝宝感兴趣想翻身时，宝宝的脸和手就会转向同一侧。

(2)移动宝宝的双腿，因为一开始宝宝的双脚还不能轻易地听从大脑的指挥，所以不能顺利地完成翻身动作。妈妈要适时地移动宝宝的双腿，让宝宝的双腿侧向手的同一边，然后完成翻身的动作。

(3)扶住宝宝。宝宝的身体还很软，还不能自己完成翻身动作，妈妈要扶住宝宝，注意宝宝的小手不要被压住，然后翻身。

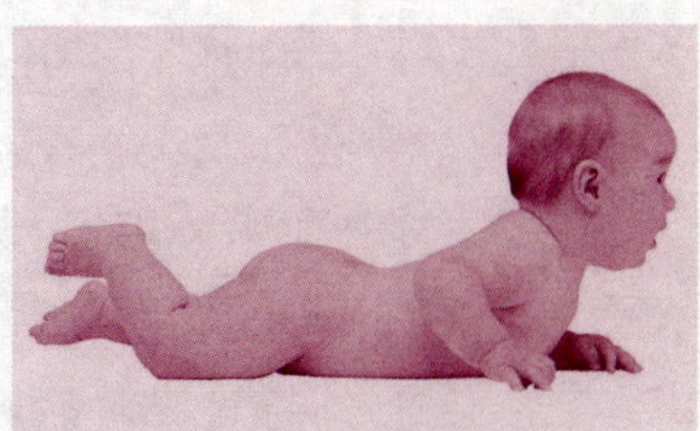

(4)使用柔软的衣物或者枕头，在宝宝侧身的时候垫在宝宝身后，经常保持这样的侧身动作，会让宝宝有翻身的意识。

(5)妈妈要经常帮助宝宝翻身，小宝宝可以从中掌握翻身的技巧，早点学会自己翻身。

注意事项：在宝宝翻身时，妈妈要陪在宝宝身边，不要让宝宝离开妈妈的视线，以免发生危险。

77 怎样训练宝宝坐起来?

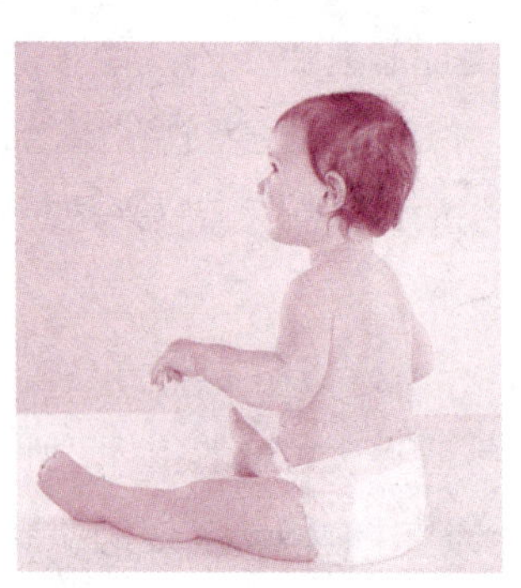

训练宝宝坐主要是训练宝宝腰、背部肌肉和脊柱肌肉的力量，开阔宝宝的视野，诱导宝宝活动的范围更大，使他探索的世界更宽广。五个月以后的宝宝可以按照从被动到主动的过程练习坐。此时，宝宝往往不愿意躺在床上了，他们喜欢大人抱着，头部能平稳竖着，自己能用两手向前撑住独坐片刻。下面我们来探讨下如何让宝宝尽快学会坐。

(1)拉坐练习。

让宝宝仰卧在床上，妈妈跟宝宝相对而坐。妈妈伸出双手，让宝宝握住拇指，母亲轻轻握住宝宝的小手，手掌向内，与宝宝的肩同宽，然后轻轻向前拉起。若宝宝无屈肘用力的行为，那么停止练习，先进行俯卧练习以锻炼宝宝背部、颈部肌肉以及手臂力量。若宝宝屈肘试图坐起，妈妈可以先尝试使宝宝的头和肩部离开床面，保持姿势 5~6 秒，然后躺下，再重复 2~3 次。这是一个循序渐进的过程，不可急躁。

（2）靠坐练习。

将宝宝拉起之后，在宝宝背部垫上两个枕头或者被子，使宝宝能独自坐立。可用玩具等吸引他多坐一会，以锻炼坐立能力。几次之后等宝宝坐稳了，拿掉枕头或被子，直到宝宝能做到独坐为止。这种练习每日 1 2 次，每次 2~3 分钟。练习之后可以让宝宝平躺在床上，轻轻推动宝宝的身体，让其来回翻滚以舒缓筋骨，减轻疲劳。也可用手抚摸宝宝背部，放松其背部肌肉，使其身心愉快。

（3）学坐不宜太久。

学坐的时间不宜太久，一般不超过 5 分钟，因为宝宝的脊椎骨发育尚不完全，长时间的久坐对脊柱发育不利。

（4）不要让宝宝跪坐。

把两腿放在屁股下面容易导致腿扭伤，所以最好的姿势是让宝宝的双腿以”V“字形状向前平坐。

（5）不可让宝宝独坐。

不可以让宝宝独坐，以免宝宝摔倒受伤。宝宝的周边不能放尖锐的、较硬的物体，以免宝宝不小心摔倒时磕伤。

78 怎样训练宝宝抬头?

宝宝抬头练习分三步:竖抱抬头、俯腹抬头和俯卧抬头。

(1)竖抱抬头练习。

家长用两只手分别托住宝宝的背部和臀部,把宝宝竖抱起来,带孩子到室内或室外看看周围。如果这时还有另一位家长在身边,可以用手指指点点,引起孩子对各种事物的关注和兴趣。

这个游戏主要是帮助孩子练习抬头的动作,锻炼孩子颈部的支撑力,同时,这一活动也可以帮助孩子认识自己周围的环境,培养孩子的视觉能力和观察事物的能力。但是由于此时孩子的骨骼发育还比较差,不能长时间把他竖抱着,因此这项活动持续的时间不宜过长。

最后要提醒家长的是,每次锻炼后要用手轻轻抚摸宝宝背部,放松背部肌肉,让宝宝感觉舒适,体会到家长的爱抚。每次锻炼完后还可以让宝宝仰卧在床上休息片刻。

(2)俯腹抬头练习。

小儿空腹时,将宝宝放在家长胸腹前,并使小儿自然地俯在家长的腹部,用双手放在孩子的背部按摩,逗引小儿抬头。

(3)俯卧抬头练习。

妈妈先要宝宝俯卧在稍有硬度的床上,防止物品堵住鼻子，影响呼吸，再帮助宝宝将两手臂朝前放，不要压在身下。

父母可抚摸宝宝背部，用玩具吸引等方法鼓励其抬头。最好拿色彩鲜艳有响声的玩具在前面逗引，可以用“宝宝，漂亮的玩具在这里”等类似的话来诱使宝宝努力抬头。

家长可慢慢地将玩具从宝宝的眼前慢慢移动到头部的两侧，让孩子的头随着玩具的方向转。这个方法不仅锻炼了宝宝俯卧抬头的持久力，也锻炼了宝宝颈部转动的灵活性。

79 怎样开发宝宝右脑？

6岁前是宝宝右脑发育的关键期，为了让宝宝更加聪明，我们应该注重宝宝右脑的发育，养成好的习惯，在关键期开发宝宝的右脑，提高宝宝的学习能力。

（1）我们平时应该对宝宝手指进行训练。宝宝在手指的锻炼过程中，增强了手指的灵活性，从而刺激了大脑的发育。平时让宝宝多多动手，在玩耍的过程中进行手指的训练（玩积木、橡皮泥等）。

（2）让宝宝玩益智玩具。益智玩具可以开发宝宝右脑，选择适合宝宝的益智玩具，让宝宝在玩耍的过程中开发大脑。通过组装玩具的过程，让宝宝自己摸索，充分发挥宝宝的想象力。

（3）多让宝宝玩爬行游戏。宝宝还在婴儿期时，就得让宝宝锻炼爬行。爬行能很好地锻炼宝宝的平衡能力，促进大

脑发育。

(4)让宝宝学习梳头，家长也应经常用梳子梳宝贝右侧的头发，刺激头皮，加快头皮的血液循环。

(5)适当的时候让宝宝学习英语。孩子还小的时候学习英语是要比大人快的，宝宝在学习一种语言时，只用到左脑，学习几种语言能帮助宝宝开发右脑(可以从感兴趣的儿歌、动漫开始)。

(6)让宝宝爱上音乐。宝宝还在妈妈肚子里面时，就可以听胎教音乐，用音乐营造一个特别的氛围，让宝宝在这样的氛围中玩耍，促进宝宝右脑的开发。

(7)让宝宝学习绘画。学习绘画可以增强右脑的感知能力，从而陶冶孩子的情操。生活中多让宝宝去大自然观察，发挥宝宝的观察能力，让宝宝爱上绘画。

(8)多让宝宝参加运动。运动能促进右脑开发，每天半小时左右适量的运动，能强健身体，又有益宝宝右脑的开发，运动中让宝宝多使用左手。

(9)让宝宝参与做家务。生活中可以让宝宝做力所能及的家务事，提高宝宝的自理能力，同时又可以刺激宝宝右脑的发育。可以让宝宝整理自己的玩具，学习帮妈妈分担家务。

80 怎样训练宝宝手指的灵活性?

很多父母都想拥有一个聪明的宝宝，但却有很多父母不知道小手是宝宝的第二个大脑。从刚刚出生时，双手紧握着小拳头到会抓握东西，逐渐变成用食指和拇指捏起小饼干，每一次的进步都暗示着宝宝大脑发育的进程。要想宝宝更聪明些，可以给不同年龄段的宝宝制定一个小手训练全方案。

（1）新生宝宝期。

动作特点：反射性抓住手中物体。

刚出生的宝宝很多动作都是属于本能的反射行为。这个时期的宝宝，他的小手通常都是呈握拳的状态，但当你把手指尖轻轻触碰他的小手心时，他反射性地紧紧抓住，那个力度甚至可以让你把他提起来离开他躺着的地方，所以这一时期的抓握反射是最强的。

培养对策：让宝宝抓握摇铃。

妈妈可以准备一个布料比较柔软舒适的婴儿摇铃给宝宝玩，让宝宝好好地练习一下抓握。在颜色方面，建议选择一些对比强烈的颜色，以便引起宝宝的注意力。摇铃的训练可以让宝宝的小手更有抓握能力，从而增强手指的触觉，扩展手的活动范围。

（2）1~3 月龄的宝宝。

动作特点：小手半开，吮吸手指。

在宝宝 1~3 个月的时候，他们的小手会慢慢展开，小手掌大部分时间都是半开着的，有别于之前的握拳状态，而且小手也慢慢从被动抓握发展到有意识地主动抓握。这时给宝宝握住拨浪鼓，他可以保持 2~3 秒不松手。

3个月大的时候，宝宝最明显的进步就是开始玩自己的小手。有的时候宝宝会盯着自己的小手，有的时候宝宝会用自己的左手抓着右手的一两根手指，有的时候还会把自己的小手当美味放进嘴里吮吸。

培养对策：锻炼手部抓握能力。

妈妈可以经常给宝宝的小手作按摩，轻轻抚摸他的手背，刺激手部的反射动作。在家里给宝宝准备一些方便抓握的小玩具，例如小布娃娃等，让宝宝平时多练习抓、握、摇、捏等动作。

(3)4~6月龄的宝宝。

动作特点：会抓物体，会撕纸。

宝宝逐渐长大，视觉也会跟着进步，由视觉引导的触碰技能逐步发展起来，这样宝宝在抓握时比以前更具方向感，可以通过眼睛的指引主动张开小手来抓住物体。但是这个时期，宝宝的手指还没有十分灵活，他们通常都会用"五指合一"的小手去抓东西。成长得比较快的宝宝会用双手撕纸，也可以有意识地将盖在自己脸上的丝巾或者是毛巾拉开。

培养对策：锻炼小手灵活性。

妈妈可以在宝宝玩耍的小床上悬挂一些宝宝伸手可及的、容易抓握的、带有声响的玩具，这样可以逗引宝宝向左右侧转或向前抓握玩具，还可以锻炼手眼协调能力和准确抓握的能力。除此之外，也要引导宝宝将玩具从一只手转换到另一只手，还可以给一些面巾纸让宝宝撕着玩，以培养手指的灵活性。

(4)7~9 月龄的宝宝。

动作特点:拿玩具互相敲击。

这个时期宝宝会从用小手抓发展到用手指捏住物体,还可以用拇指和食指的指腹捡取东西,同时也可以实现换手后取另一样东西。到 9 月大的时候,宝宝小手的控制技能加强,可以将积木玩具放进盒子里,再从盒子里取出来,并且懂得将不同的物品合起来玩,如拿玩具相互敲击、堆叠等。

培养对策:用手解决问题的能力。

妈妈可以给宝宝准备一些软硬度适中的食物,让宝宝自己动手拿着吃,例如方片面包、香蕉等,以便锻炼宝宝的手眼协调能力。平时和宝宝一起玩积木游戏的时候,可以在他两手各拿着东西的时候,再放一块在他面前,引导他学习如何把抓住的东西放开;或者把积木放在宝宝伸手拿不到的餐垫上,引导他通过拉近餐垫来取得积木。鼓励宝宝双手拿两个玩具对敲,培养手的灵活性。

(5)10~12 月龄的宝宝。

动作特点:拇指和食指捏小颗粒。

这个时期的宝宝用手指捏取物品时,拇指和食指的配合已经相当熟练了,他们已经可以把个体很小的颗粒物准确地捏起来,而且学会放弃手中拿着的东西,去拿其他自己想要的物品。等到 12 个月大的时候,有些宝宝能五指并用地握住笔在白纸上画画,还能翻开书本。

培养对策：锻炼拇指和食指的协调性。

妈妈可以多让宝宝玩堆积木、套圈等等的游戏，给宝宝买些婴儿绘图的本子，让宝宝按着自己的意思去画自己想画的东西；可以给宝宝有瓶盖的水杯，让宝宝练习用拇指和食指将瓶盖打开再合上的动作；可以把小积木放在布或者纸下，引导宝宝把它们掀开后取出积木。

（6）13~18 月龄的宝宝。

动作特点：会涂鸦，会搭积木。

这个时候的宝宝最爱涂鸦，他们喜欢握着笔在画板上不停地涂鸦，就像是小小艺术家在创造大作一样。而且，即使没有爸爸妈妈的帮助，宝宝也能用积木搭一些矮矮的塔。

培养对策：手部精细动作。

如果发现宝宝有画画的兴趣，可以培养宝宝用笔涂画。妈妈可以画一棵小树，来引导宝宝画竖线；可以画一条马路，来引导宝宝画横线。除此之外，还可以给宝宝准备一个有不同形状小孔的镶嵌盒玩具，让宝宝将形状相对应的零件塞进镶嵌盒里，这样可以让宝宝在活动小手的同时加深对不同形状的认识。

（7）19~24 月龄的宝宝。

动作特点：玩橡皮泥，玩串珠。

在这个时期的宝宝，他们的小手就更加的灵活了。他们开始喜欢玩橡皮泥，用自己的小手随意地揉、捏、压、挤等做出自己喜欢的形状。同时他们的手眼协调力也变得更加强，能熟练地玩串珠的游戏。

培养对策：创造力和专注力。

在这一阶段主要培养宝宝的创造力和专注力。妈妈可以准备一款安全环保的橡皮泥玩具，不要限制他的想象力，让宝宝尽情地挥洒自己的创造力，可以期待一下橡皮泥在他的手中随意揉捏后会变成什么样的形状。同时，妈妈还可以多让宝宝玩串珠游戏，培养他对事物的专注力。

（8）25~30 月龄的宝宝。

动作特点：搭积木，模仿画画。

宝宝在 2 岁左右的时候，就可以利用积木搭建一些有空间感的物体了，比如小桥、房子等。此时他们还能模仿着学画圈圈等简单的图案。

培养对策：手指控制能力。

这个时候，妈妈可以给宝宝准备一双小巧的玩具筷子，教宝宝如何用筷子夹起盘中的枣子、花生、糖果等，让他模仿大人们使用筷子的样子，以便锻炼宝宝手指的操纵能力和控制力。

（9）31~36 月龄的宝宝。

动作特点：折纸、画窗户和气球。

3 岁的宝宝就可以学会折叠简单的形状，例如正方形、三角形等；还可以自己跟着描绘本，在极薄的拷贝纸上描画；也有属于自己的思维与创造力，可以给未完成的图画如小房子添一个“窗户”，或自己“创作”一只气球等。

培养对策：手脑协调能力。

妈妈可以准备一些五颜六色的折纸，和宝宝一起玩折纸游戏；教宝宝简单的折纸，折折飞机、小船等。另外还可以引导宝宝进行简单的描画和填色，进一步发展宝宝手脑协调的能力。

81 为什么要训练宝宝爬行？

爬行，是婴儿时期一项特殊的身体活动，是介于“坐”与“走”之间的一种活动形式，是宝宝运动生涯中的一个重要的里程碑，对未来平衡感的发展以及手眼协调能力、粗细动作的发展都很有益处。

宝宝早爬行、多爬行可帮助大脑发育，加强大脑对手、足、眼的神经运动的调控。

爬行加大了宝宝认知世界的范围，思维、语言与想象能力在更大的空间中得到发展与提高，从而促进了认知能力的发展。

爬行动作由最初的爬行反射，经过抬头、翻身、打滚、匍行等中间环节，最终发展成真正的爬行，需要经历多次的学习、实践，每一次学习与实践都是一次对大脑积极性的调动与激发。因此，充分的爬行是全方位的感觉统合训练，对于脑部发育有直接的促进作用。

爬行是一种综合性的强身健体活动，动作协调性和四肢灵活度得到充分发展，并有助于颈部、胸部、腰背部以及上下肢肌肉的发育，有益大脑的平衡能力和协调能力，为宝宝的站立和行走打下基础。

爬行有利于视力发育。婴儿出生后视力发育尚不健全，而爬行可使宝宝看清自己能看清的东西，有利于视力发育。

爬行是一项比较剧烈的消耗能量的活动，有助于代谢机能，促进发育。

爬行对宝宝的心理发展具有非常重要的意义。它是成长中的宝宝的第一次独立行动，他第一次能自主地移动自己的身体，去自己想去的地方，而不需要大人的帮助。宝宝第一次享受到空间的自由和自我作主的愉悦。这种自主的愉悦对宝宝的独立意识和自信心的发展意义重大。

82 不会爬对宝宝有何影响?

研究发现，宝宝早期是否有充足的爬行练习，会直接影响其心理能力的发展，尤其是前庭平衡能力的发展。

爬行训练的缺失会导致婴儿大脑前庭功能发育不完善，出现注意力不集中、粘人、过分好动、行为冲动等问题，严重的，长大之后还会出现阅读、计算、运动技能障碍，甚至会有

社会适应障碍、不会与人交往等严重后果。更有研究认为，婴儿期的动作感觉发展水平与少年期动作的协调性关系密切。

有研究表明，在3至13岁的儿童中，有20%的儿童不同程度地存在注意力不集中、平衡能力差、易摔倒、胆小、内向、手脚笨拙、爱哭等症状。这是儿童大脑发育过程中某些功能不协调所致，在医学上被称为“感觉统合失调”。调查发现，感觉统合失调的儿童90%以上不会爬行或爬行时间很短，而爬行是目前国际公认的预防感觉统合失调的最佳手段。在美国幼儿中心的感觉统合活动室里经常看到，大大小小来这里接受感统训练的孩子们，在训导师或妈妈的帮助下完成规定距离的爬行活动。这是因为爬行有利于增强大脑整合外界各类刺激的能力，即使到了5岁大脑细胞不再大规模生长的年龄，爬行依然能够促进和修正大脑的某些机能。

83 如何教宝宝爬?

宝宝的动作发展有非常大的个体差异，7~8个月的宝宝已经很喜欢不断触摸物品，不断探索四周环境了，此时，若大人能经常给予宝宝俯卧和坐的机会，宝宝定能慢慢积聚支撑的力量，逐渐发现爬行的奥秘和乐趣。

家长可以帮助宝宝调整好爬的姿势，帮他把腿弯起来，或用手抵住他的脚，成为他用力的支点，这样宝宝的身体就可能会贴着地面慢慢挪动。只要坚持练习，宝宝必然进入下一个阶段：真正的腹爬。此时，即使没有别人的帮助，宝宝也能借助自己的手和腿，移动自己的身体了！

当腹爬不断熟练，手脚协调，爬速慢慢加快后，宝宝会有意无意地向下一步进军：肚子离开地面，用膝盖跪爬。

帮宝宝将小肚皮托起，让他慢慢感受肚皮离地、只靠四肢支撑身体的感觉。一旦宝宝学会跪爬，他就能到处“闲逛”了！

引导宝宝学爬，最重要的方法是鼓励诱导。拿一个宝宝感兴趣的玩具，放在距离宝宝 手臂的地方，鼓励他朝目标爬行前进，直到拿到玩具。

爬，也可以事后补课。已经2岁多了，不可能再回到“走之前学会爬”的时间了，怎么办？

爬虽然重要，但并非是唯一重要的活动，所以可通过其他活动来补偿，譬如，做操能锻炼肌肉和骨骼，坐摇摆椅能锻炼平衡能力等等。对未爬或少爬就进入学走路的宝宝，可以通过游戏的方式鼓励他“玩爬”，譬如，爬着钻小桥洞，爬着找玩具等等。

光脚爬能使宝宝爬得更好、更远。还没有学会走路的宝宝的脚多半是扁平的，要使他的脚底有弧度，双腿结实有力，必须有适当的锻炼。缺少爬行而直接学走路的孩子，走动时脚会有点偏内，走不稳当，原因就是他的大脚趾缺乏锻炼和力量，脚跟先着地，步法就显得软弱无力。赤脚可以使宝宝更自如地控制自己的动作，减少打滑跌跤的可能性，多爬多站，接下来很快就会开步走了。赤脚还可以更好地发展触感。

84 宝宝为何会吃手？

吸吮手指对于半岁前的宝宝和半岁后的宝宝来说意义是不同的。

6 个月之前的宝宝吸吮手指完全是为了满足吸吮的需要，因而人工喂养的宝宝和饥饿时的宝宝表现得特别明显。尤其是三个月之前的宝宝为满足吸吮的要求，常常会把手指当作刺激物，表现出他特别喜欢吸吮手指。母乳喂养的宝宝能尽情地吸奶，有较多时间满足吸吮的本能，所以在母乳喂养的宝宝中，吸吮手指现象较少。

而人工喂养儿，由于使用奶瓶，瓶中的奶吸完后，父母不会让他吸空奶瓶，相对来说吸吮的机会较少，因而人工喂养儿的吸吮手指现象就较多见。到了 3~4 个月时，随着吸吮反射的逐步消失，宝宝吸吮的要求会逐渐减弱，到了 6~7 个月时，吸吮手指的现象一般会自然消失。

如果宝宝在 6 个月以后继续吸吮手指或开始出现吸吮手指，则不再是满足吸吮的需求，而是一种自我安慰的表现。6 个月以后的宝宝在情感上比较脆弱，害怕离开父母和身边熟悉的人，对亲人特别依恋，此时又有了自己初步独立的要求，所以常常会在疲劳、紧张、情绪低落、脱离最亲近的人时出现吸吮手指的现象，利用吸吮手指来使自己得到安慰。宝宝在 8 个月以后吃手要比以前少很多，但会固定吃一个手指头，长期吃手就需要干预。

85 宝宝吃手有什么害处？

宝宝常吃手，小手浸泡在口水里，受到牙齿的压迫，时间一久容易出现手指蜕皮、感染等。同时，病从口入，常吃手易引起肠胃炎、感染寄生虫等。小手经常放在嘴里还会影响出牙，时间一久可能会引起牙齿排列不整齐，牙齿闭合不良。

86 如何防止宝宝吃手？

最好从小就预防宝宝过分吸吮手指，介绍如下 7 个方法：

（1）在喂哺时，要注意不能只给宝宝营养，还要提供足够的关爱和温暖，而母乳喂养无疑是最佳选择。妈妈在哺喂宝宝时，心境要保持平和，不急不躁，不给宝宝造成压力。如果是人工喂养，奶嘴开口的大小要适中，可以有效控制奶液的流速，让宝宝有足够的时间来满足吸吮的需要。

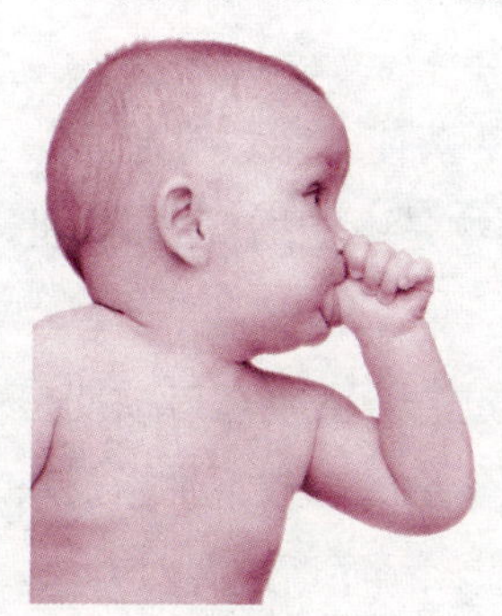

（2）宝宝睡醒后不要单独留在床上太久，以免感到无聊而把手放

进嘴里,进而养成吸吮手指的习惯。

(3)如果宝宝已经出现喜欢吸吮手指的倾向，要及时把他的手指轻轻从嘴里拿出来，并用玩具或其他东西吸引他的注意力。在宝宝刚有吸吮手指的倾向时，把衣袖拉长遮盖着手指也是可行的措施。

(4)多陪宝宝，多和宝宝谈话、唱儿歌、玩积木或看图书等，让宝宝多接触各种不同类型的东西，让宝宝多接受周围事物的刺激,分散对吸吮手指的注意力。

(5)多让宝宝用手去拉扯玩具，例如悬吊玩具、手摇铃等，可提升宝宝的手部能力。他会感到做这些动作会比吸吮手指来得更有成就感，于是慢慢就会减少将手放在嘴里的动作。

(6)用生动表情来纠正。在和宝宝进行沟通时，注意要使用孩子所能够理解的表情、姿势和语言。当宝宝开始出现不好的行为时，要用比较严厉的语气、表情和手势来矫正。例如对宝宝说:“不可以把手放进嘴巴!”同时还可做出摇手或摇头的动作,以表示这是不好的行为。

(7)通过在手指上涂上苦、辣味的药使宝宝放弃吮手指的方法也可以一试，但是很多外用药物是不能舔食的，因此要特别小心,以免发生意外。

提示:注意对症下药，严防操之过急。宝宝在口欲期是需要被满足的，如此才不至于造成成年后的心理不平衡及缺乏安全感。在戒除吸手指的习惯时,应该循序渐进找对方法。

最重要的是父母的态度不能操之过急，尽量不要把焦虑的情绪带给宝宝，导致宝宝产生心理压力。先分析吸吮手指的原因，然后再对症下药，才能迅速有效地解决问题。

87 宝宝为何不宜看电视？

孩子出生 2 个月左右，听力已经比较敏感，眼睛也能看到东西了。如果这时就给他看电视，电视里强烈的声响和多彩的画面，会给宝宝深刻的印象，会剥夺宝宝接受其他信息的能力。

宝宝最初的学习是通过与成人的交流和互动进行的，真正的交流是相互的，这包括轮流、反应、看表情、看手势、理解语言和听出语调的变化等。被动地看电视，即使是适合宝宝年龄的电视节目，也无法与父母、家庭成员或看护者的语言交流相提并论。宝宝需要在一个三维的交流环境中进行学习。看电视屏幕中的图象，甚至与现实环境中最简单的交流都无法相比。

澳大利亚的学者曾研究指出：看电视的时候，宝宝大脑的构造将受到损害。电视机发射的高压电流发出的射线，将侵犯婴儿的前脑叶，这种积累在数十年之后可能会引发白血病。宝宝还会出现乏力、厌食、营养不量、白细胞减少、发育迟缓等不良现象。日本也有报道，给宝宝看电视会有损其大脑的发育，加重他的自闭倾向。

长期让宝宝看晃动的电视画面，会增加眼睛的疲劳，降低视力。电视画面的快速转换会引起注意力紊乱，这会使宝宝难以集中精力专注于某一件事情。看电视是一种被动性经历，会导致孩子形成一种“缺乏活力”的大脑活动模式，而这与智力迟钝有直接的关系。当宝宝把大量的时间花费在看电视上时，他们观察、探索和关注这个万千世界的时间就明显减少了,故宝宝还是远离电视为好。

第六章 喂养篇

88 什么是纯母乳喂养？

我国目前大力提倡纯母乳喂养，那么，什么叫做纯母乳喂养呢？纯母乳喂养是指用母亲的乳汁喂养婴儿的方式，除了母乳不给婴儿喂任何其他食物及饮料，包括水（除药物、维生素、矿物质滴剂）。世界卫生组织和联合国儿童基金会建议，在婴儿出生后最初 6 个月，纯母乳喂养是婴儿的最佳喂养方式。

89 母乳的营养成分有哪些特点？

相比较配方奶粉而言，母乳营养成分有如下特点：

（1）母乳营养丰富，营养素比例适当，其中所含的矿物质也易于宝宝消化吸收，可以满足6个月以下宝宝生长发育的全部需要。

（2）母乳矿物质浓度低，蛋白质分子小，不加重肾的负担，有利于保护宝宝不成熟的肾功能。

（3）母乳中富含天然的免疫物质（免疫球蛋白，活性细胞等），有利于增强宝宝抵抗力、免疫力，预防疾病。

（4）母乳还含有促进大脑发育的牛磺酸、促进组织发育的核苷酸、增强视力的DHA等等，有利于宝宝全方面发育。

90 母乳喂养有哪些好处？

妈妈们常听到广告介绍奶粉的好处，比如营养全面，添加各种可以增强宝宝免疫力、促进宝宝智力发育的成分等等，同时觉得哺乳会影响乳房和体型的恢复，并且母乳喂养需要亲力亲为，平时需要注意饮食，不能饮酒、化妆等等，觉得很麻烦，因此很多母亲放弃了母乳，改为奶粉喂养。

可是这些妈妈们并不知道，所有的配方乳的成分只能无限接近母乳，却永远也代替不了

母乳，母乳可以说是“一直被模仿，从未被超越”。母乳喂养对宝宝健康具有不可替代的作用，除了以上所介绍的母乳的营养成分特点外，母乳喂养这种方式本身对宝宝、母亲甚至整个家庭的好处也是其他喂养方式无法比拟的。下面，我们分别介绍一下：

（1）对宝宝的好处。

哺乳时母亲的声音、心跳、气味和肌肤的接触都能刺激宝宝的大脑，促进宝宝早期智力开发，所以母乳喂养的宝宝智商高。

母乳喂养为宝宝健康的心理发育奠定基础。母亲通过宝宝吮吸乳头的刺激，能增进她们对宝宝的爱。宝宝通过吮吸母乳，感受母亲贴肤的温暖，感到安全、喜悦，更加增强了母婴情感联系。

母乳在母亲体内永不变质，随时需要随时排出，且温度适宜，所以母乳是宝宝理想的天然食品。

（2）对母亲的好处。

产后立即母乳喂养可帮助母亲子宫收缩，有利于子宫恢复，减少产后出血。

母乳喂养有利于抑制排卵，推迟月经来潮，可延长生育间隔时间。

母乳喂养使母亲得到心理上的满足，增进母婴感情。

母乳喂养可减少母亲卵巢癌与乳腺癌发生的危险性。

另外，母乳喂养经济、实惠、方便，对家庭也有好处。

因此，我们国家大力提倡母乳喂养。

91 母亲初乳有哪些优点？

初乳指母亲怀孕后期及产后 4~5 天内分泌的乳汁，5~14 天为过渡乳，14 天以上的为成熟乳。初乳非常珍贵，与成熟乳相比，它含脂肪较少，蛋白质较多，主要为免疫球蛋白，还有其他免疫活性细胞以及维生素 A、牛磺酸和矿物质等，具有营养和免疫的双重作用。研究显示，初乳可以有效降低新生儿的死亡率，所以，一定要让宝宝好好吃“第一口”。

92 为什么主张新生儿尽早开奶？

新生儿出生半小时内就可以吸吮母亲乳头，这么做好处很多，主要有以下几点：

出生后宝宝立即吸吮母亲乳头，可刺激乳汁分泌，有助于尽早下奶。

可练习、巩固吸吮反射，有助于母乳喂养成功。

让宝宝吸到营养和免疫价值极高的初乳，增强免疫力，促进胎粪排出。

通过刺激乳头可以间接促进母亲子宫收缩，有利于产妇子宫恢复，减少产后出血。

能较快建立母婴感情，增加母亲对宝宝的亲近感、责任感，也使宝宝娩出后第一时间与母亲亲密接触，感受母亲的体温和气味，增加新生儿的心理安全感。

研究显示，尽早开奶还可减轻宝宝生理性黄疸，减少生理性体重下降、低血糖等的发生。

因此，早开奶对母婴都有利，应争取产后半小时就让宝宝吸吮到母亲的乳头。

93 按需哺乳怎么做?

按需哺乳，顾名思义，就是按照需要、需求哺乳，这个需要、需求包含两方面意思，一方面是宝宝的需求，另一方面是母亲的需求，即在宝宝饥饿或母亲奶胀的时候，都要进行喂养，让宝宝吸吮，不规定哺乳的次数和时间。

94 为什么要按需哺乳?

按需哺乳是母乳喂养取得成功的关键之一。经常性的频繁的吸吮，可刺激催乳素的分泌，可使乳汁分泌得早而且多，保持有足够的母乳，利于宝宝的生长发育，还可以预防奶胀、增加母婴感情。

95 怎样判断宝宝是否吃饱?

从以下几方面观察宝宝是否吃饱:

(1)吃奶的时候,宝宝吸吮一段时间后,自动停止吃奶,松开奶头,满足、安静、不哭闹,一般来说就是吃饱了。

(2)观察宝宝多长时间才饿,吃完奶以后如果两个半到三个小时又开始饥饿啼哭,这说明第一次吃奶是吃得比较够、比较足的。

(3)宝宝的体重增长情况,如果体重增长正常(婴儿体重增加,每周平均增重 150 克左右;2~3 个月内婴儿每周增重 200 克左右),证明宝宝奶量是足够的。

(4)宝宝尿布 24 小时湿 6 次及 6 次以上,经常有软的大便,说明宝宝奶量是够的。

96 母乳不足怎么办?

(1)要经常让宝宝吸吮奶头,刺激乳腺分泌乳汁。母亲的乳汁越少,越要增加宝宝吮吸的次数。一般情况下,母亲应该每 24 小时喂宝宝 8 次以上,每次在乳房上吸吮时间不少于半个小时。当然也要根据宝宝的需求来喂。宝宝只要饿了就喂,喂得越多,乳汁分泌得就越多。

(2)不要随便补充奶粉。通常开始几天乳汁都不会很多,到四五天以后，乳汁就会大量分泌出来，因此，开始几天尽量不要随便补充奶粉。因为宝宝一旦用奶嘴吃上奶粉，吸奶力就可能会变弱，导致母乳越来越少，也容易产生“奶头错觉”，造成宝宝只认奶嘴，不认母亲奶头。当然，宝宝啼哭太久，可以适当给予奶粉喂养，并一定使用勺子喂哺，防止奶头错觉。

（3）适当的按摩、热敷乳房。用干净的毛巾蘸些温开水，由乳头中心往乳晕方向成环形擦拭，两侧轮流热敷，每侧各15分钟。

（4）加强营养，均衡饮食，注意补钙补铁，多喝鱼汤、猪蹄汤、小米粥、骨头汤等。母亲所摄取的食物种类也会直接影响到乳汁的质和量。

（5）母亲保持心情愉快，保证充足的休息，情绪和劳累都会影响乳汁分泌。母亲在产后身体不适，加之照顾宝宝，精神、体力都有消耗，因此，哺乳期间母亲要特别注意调节情绪，注意休息，保持良好的生活状态。

97　正确的哺乳和含接姿势是怎样的？

新手妈妈在喂奶前一定要学习正确的哺乳姿势和宝宝含接乳头的姿势。

（1）正确的哺乳姿势。

母亲应采用舒适的体位，坐位、卧位、立位都可以；宝宝身体转向母亲，紧贴母亲身体，下巴接触乳房（做到胸贴胸、腹贴腹、下巴贴乳房、鼻尖对乳头）。

（2）宝宝正确的含接姿势。

先用乳头刺激宝宝口周围，待宝宝嘴张大时，将乳头和大部分乳晕放入宝宝口中。此时宝宝嘴唇凸起外翻，吸吮时两腮鼓起，下巴紧贴乳房，可以听到慢而有节奏的吞咽声，看到吞咽的动作。

上述做法使宝宝显得轻松、愉快，母亲不感到乳头疼痛。

98 母婴分离时怎样保持泌乳？

有些喂奶的母亲由于某些原因不得不和宝宝分别一天甚至更久的时间，为了避免乳汁分泌受到影响，母亲一定要学会挤奶或者使用吸奶器，每 24 小时挤奶 6~8 次或更多。

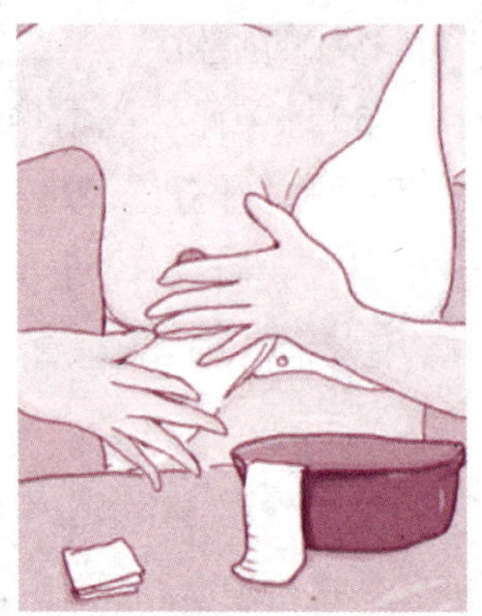

正确的挤奶姿势和手法：

母亲身体略向前倾，用手将乳房托起，将大拇指和食指相应放在距乳头根部 2cm 左右（乳晕上），其他手指自然放在胸壁上，向胸壁方向压挤，手指固定，不要在皮肤上移动，沿着乳头依次挤空所有的乳窦，挤奶时间一般为 10~20 分钟，最多不超过 30 分钟。

99　哪些情况下母亲暂时不宜给宝宝喂奶?

凡是母亲感染艾滋病，患有严重疾病，如慢性肾炎、糖尿病、恶性肿瘤、精神病、癫痫或心功能不全等应停止哺乳。化疗、放射性药物治疗一般也要禁忌母乳喂养。母亲感染结核病，在正规治疗2周内不能母乳喂养。母亲患急性传染病时，可以把乳汁挤出，消毒后再喂。(另:母亲乙肝表面抗原阳性，宝宝如果常规注射了乙肝免疫球蛋白和乙肝疫苗，可以母乳喂养)。

100　哺乳期的母亲可以浓妆艳抹吗?

母亲在哺乳期间每天和宝宝亲密接触，如果浓妆艳抹会遮盖身体原有的自然的气味，宝宝会认为这不是自己的母亲，因而情绪低落，不愿与其靠近，甚至会拒绝吃奶和睡觉，这对于宝宝的身心健康是不利的。彩妆用品中不但含有香精等化学物质，甚至含有铅、铬、汞等多种重金属，部分化妆品还含有雌激素，长期使用这些化妆品，经皮肤吸收后甚至可以致癌，对于母婴双方都是不利的。因此哺乳期不宜化妆，更不宜浓妆艳抹。

101 母乳喂养到宝宝多大？什么时候给孩子断奶？

世界卫生组织建议，宝宝应该母乳喂养至 2 岁甚至更久，6 个月前提倡纯母乳喂养，6 个月后应该继续母乳喂养并添加辅食。也就是说，最早 2 岁时可以给宝宝断奶。这里说的断奶，是断母乳，断离母乳后仍建议宝宝喝配方奶粉至学龄前。

102 怎样对宝宝进行人工喂养或混合喂养？

人工喂养是指 4 个月以内的婴儿由于种种原因无法进行母乳喂养，全部以配方奶粉或是牛奶、羊奶等其他兽类的奶水进行喂养。如果妈妈可以给予宝宝一部分母乳喂养，则称为混合喂养。

(1)喂奶用具：开始可使用奶瓶和橡胶奶嘴，但要尽早养成用杯子和小勺喂养的习惯。每次喂奶前，都要用开水将奶瓶、奶嘴，以及用于搅拌奶粉的杯子、勺子烫洗几遍，最好能够进行煮沸消毒，这样可以消灭大部分的病原微生物。因为宝宝

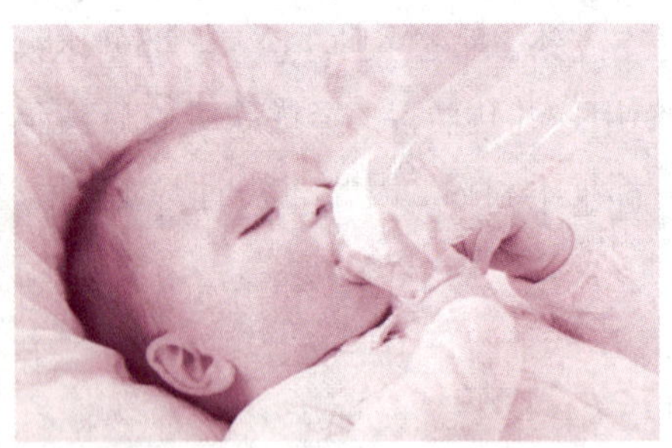

的胃肠道发育还不够完善，免疫系统的抵抗力又比较弱，如果不小心吃进了附着在奶具上的细菌和病毒，就有可能会引起疾病。使用完也要认真清洗，并且放于奶瓶架上控干水。

（2）喂奶顺序：混合喂养者先喂母乳，大约 10 分钟母亲两侧乳房完全吸空后再喂配方乳，宝宝每次饥饿时不论乳房是否奶量充足，一定让他先吸吮乳房，之后再喂配方乳，称作“补授乳法”，宝宝对乳房频繁的吸吮可以刺激乳汁分泌。不提倡用配方乳代替整顿母乳的“代授乳法”，乳头较长时间得不到吸吮，不利于乳汁分泌。如果每次加喂的配方乳呈逐渐减少的趋势，可考虑逐渐撤去配方乳进行纯母乳喂养。

（3）喂奶速度：奶嘴型号一定要符合宝宝月龄，要让宝宝既能吮吸不费力，又不至于让奶汁流出太急太多，造成溢奶，以宝宝能在 10~15 分钟吃完为宜。喂奶时要注意将奶汁充满奶嘴头，以免宝宝吸入过多空气。每次喂养后可以让宝宝趴在大人肩膀上，竖抱宝宝并轻拍其背，让宝宝打嗝，将咽下的空气嗝出，再让宝宝平躺以减少溢奶。

（4）喂奶量：一般是吃多少喂多少，每日奶量的大体参考标准是：1 个月婴儿为其体重的 1/5；2~4 个月婴儿为其体重的 1/6；6 个月婴儿为其体重的 1/7；7~12 个月婴儿为其体重的 1/8。

（5）注意婴儿大小便情况：母乳喂养儿呈金黄色糊状，略稀，每日 2~4 次；人工喂养儿呈浅黄或土灰，较干，每日 1~2 次。糖少、蛋白质多时，大便偏干，尿少而黄；糖多则大便有泡沫或酸味。婴儿每周体重增长大于 125 克或满月时体重增长大于 500 克，尿布 24 小时尿湿 6 次以上，是奶水足量的标志。

103 怎样给宝宝冲调奶粉？

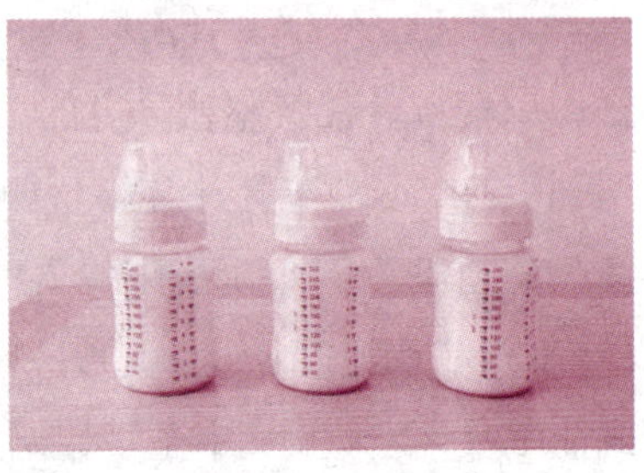

各种品牌奶粉外包装上对于冲调奶粉的说明均非常详细，给宝宝冲奶粉一定要按此说明进行。在这里需要特别提醒的是，如果宝宝更换奶粉品牌，往往奶勺的容量不同，需要配比的水量一定要与之相适应，所以要仔细看新品牌奶粉的说明书，按照说明配制。

104 喝奶粉会“上火”吗？

很多新妈妈会听到别的妈妈提到宝宝喝奶粉“上火”的情况，其实现代医学中没有“上火”的概念，中医专业的典籍中也没有这个用语。“上火”基本是一个民间概念。有人分析过那些“上火症状”，发现产生的原因相差迥异，有些人认为宝宝大便干就是喝奶粉上火的表现，其实这是因为奶粉的成分中蛋白质含量高，遇到胃酸结成凝块，与奶粉中的钙结合成不易消化的钙皂，不利于宝宝消化吸收，造成便秘，并非是宝宝自身有问题。另外还有些现象有的是食物过敏，有的是维生素缺乏等等。总之，只要按照奶粉的说明合理配制，宝宝喝奶粉本身是不会导致“上火”的。

105 新生儿吐奶正常吗？

新生儿“吐奶”也叫“溢奶”，15% 的宝宝会发生这种现象，主要是宝宝胃部的生理特点导致的。宝宝的贲门比较松弛，关闭不紧，易被食物冲开；同时，宝宝的胃呈水平位、容量小，奶水容易返回到贲门处而导致溢奶。随着宝宝逐渐长大，胃部发育成熟，溢奶的现象就会逐渐减少直至消失。

106 怎样避免溢奶？

为避免频繁的溢奶造成宝宝营养不良，影响宝宝生长发育，可采取适当方法避免或者减轻宝宝溢奶。

（1）合适的喂奶姿势。母乳喂养的宝宝提倡抱起宝宝喂奶，让他们的身体处于 45 度左右的倾斜状态，胃里的奶液自然流入小肠，这样会比躺着喂奶发生溢奶的几率要小。

（2）吃奶粉的宝宝一定注意选择适合宝宝月龄的奶嘴，奶嘴孔太大，会引起宝宝进奶太快，导致呛奶、溢奶。同时要注意按说明冲调奶粉，不要浓度太高，浓度太高会加重胃的负担，也容易导致溢奶。

（3）喂奶中间可以停顿一下，将宝宝竖直抱起靠在肩上，用中空的手掌给孩子轻轻拍背，让宝宝打个嗝，喂奶完毕再次帮助宝宝打嗝，这样，可将吃奶时吞下去的空气赶出来，不致引起溢奶。

（4）喂完奶以后，不要逗引宝宝嬉笑或运动过甚，并且不宜马上让宝宝仰卧，而是右侧卧位，以避免压迫胃部而引起溢奶，无溢奶现象后再仰卧。

另外需要说明的是，宝宝一旦溢奶，家长一定要及时将宝宝的身体侧过来，让孩子口内的奶从嘴角尽快流出，然后再清理干净，防止吸到肺里。如果呕吐频繁，且吐出黄绿色、咖啡色液体，或伴有发烧、腹泻等症状，应该及时就医。

107 宝宝多大时适宜添加辅食？

世界卫生组织及世界母乳喂养协会建议，纯母乳喂养儿自6个月始可以添加辅食，混合喂养或人工喂养儿4~6月添加辅食。由于个体差异及生长发育状况的差异，添加辅食的时间也不能一概而论，早产儿、双胎儿添加时间也可适当提前。如何把握最佳

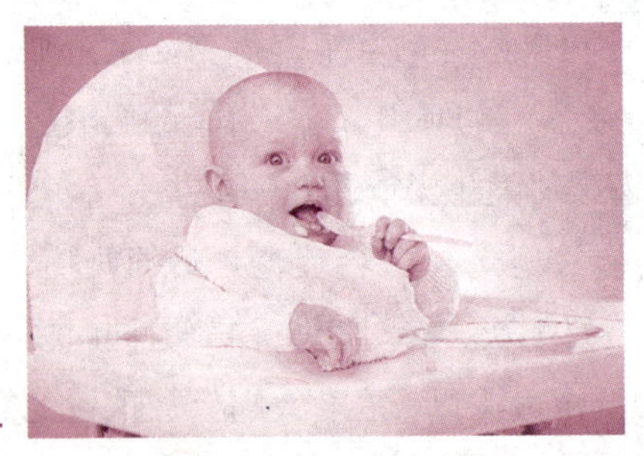

时机，大体可以参考以下情况：

宝宝体重达到出生时候的 2 倍，至少达到 6 千克。

宝宝靠着坐起时，头能稳定竖直，可以通过转头、前倾、后仰来表示想吃或者不想吃。

宝宝对大人的食物感兴趣。

用勺给宝宝喂食时舌头不会将食物往外顶。

宝宝的舌头上下、前后运动比较自如。

108 怎样给宝宝添加辅食？

添加辅食的原则是让宝宝按其消化功能及营养需要逐渐适应，不能操之过急。

从一种到多种。先试喂一种新食物，观察宝宝的反应，如有呕吐、腹泻等，就暂停，过些时候从很小量再次尝试。适应后再按同样方法试另一种，逐渐给宝宝增加品种。

从少量到适量。添加新尝试食物，从少量开始，逐渐增量。如添加蛋黄，从 1/4 只起试喂，3~5 天渐增至 1/3~1/2 只，适应 1~2 周再增至 1 只，宝宝逐渐适应，不致发生呕吐、腹泻、拒食等反应。

从稀到稠。同一种

食物，先从较稀薄的形式喂起，逐渐加稠。

从细到粗。当宝宝咀嚼、吞咽能力较好以后，可以试喂固体食物，先喂细软的半固体，随着宝宝乳牙萌出，食物逐渐增粗。

尝试新食物最好在宝宝健康没生病的时候，宝宝对食物品种、味道、食量和进食速度都是有差异的，都应按宝宝的具体情况灵活掌握。那么，具体怎么做呢？

添加时间：初次添加辅食宜选在上午，以便出现问题时可在下午（而非夜间）处理。

添加次数：6个月内每日添加一顿辅食即可，6个月后晚上再加一顿米粉或粥，睡前再喂一次奶，这样宝宝夜间也会睡得好。

注意事项：①注意排便情况：有否腹泻、便秘、过敏情况；②宝宝正在患病暂不添加；③保证基础奶量：周岁内宝宝仍要以奶为主，可在保证每天800毫升奶量的基础上逐渐添加辅食；④睡前喂奶：奶里的营养物质远远胜过米粉，所以奶水比米粉更耐饿，睡前应给宝宝喂饱奶，这样宝宝才会睡得踏实。

①米粉：6个月时宝宝的唾液腺才发育完善，所以此时可适当添加淀粉食品，如米粉、烂粥、烂面条，稍后可添加菠菜泥、青菜泥、土豆泥等食品。最好使用铁强化米粉，首次可调得稀一点用奶瓶吸食，逐渐加稠，两周后过渡到用勺喂。

②果蔬：人工喂养儿可早期添加鲜菜汁及鲜果汁，如西

红柿水、山楂水、鲜橘子汁等富含VC的食品。自己新鲜榨制的果汁或菜汁需兑水1:1稀释后饮用。自制蔬菜汁的方法：新鲜蔬菜洗净、切成小段，加水煮透取菜汁饮用。

③肉泥：最好是富铁食物，如鸡鸭猪等动物血、瘦肉末、鱼泥、鸡猪的肝泥、豆腐，可直接调入米粉中。满周岁后可添加牛奶、蛋黄、瘦猪肉、牛肉，1岁半后可添加全蛋、花生、鱼类。

随着宝宝逐渐长大，咀嚼能力逐渐增强，辅食也慢慢过渡到软饭、馒头、荤素菜等。只要宝宝精神愉快、保持良好的食欲、大便正常、体重身高等生长发育指标正常，说明辅食添加是成功的。

109　为什么不能给宝宝喂咀嚼后的食物？

过去，有的老人在给宝宝喂饭时，习惯于自己先把饭菜嚼碎再喂给宝宝吃。认为这样做一来可以避免饭菜烫着宝宝，二来可以帮宝宝嚼碎食物，有助消化。其实这样做是不对的。

(1)病从口入，食物经成人咀嚼后喂给宝宝，很容易将成人口腔中的细菌、病毒一并传染给宝宝。很多老人认

为自己身体好，没有病，这种认识是片面的，身体好并不等于口腔中不含有致病菌，只不过有的人抵抗力强，没有发病而已。而宝宝的抵抗力相对较弱，一旦各种病菌乘虚而入，就会使宝宝生病，给宝宝也给家人带来痛苦和损失。

（2）大人替宝宝咀嚼助消化这种观点也是错误的，相反，锻炼宝宝自己的咀嚼能力才真正有助于宝宝的消化吸收。据调查，农村宝宝的牙齿普遍比城市宝宝的牙齿整齐，消化机能普遍比城市宝宝强，就是因为农村宝宝吃粗粮的多，自己咀嚼的机会多，消化能力也随之增强。如果食物的确不易嚼碎，不易消化，就不应该给宝宝吃。

总之，嚼饭喂宝宝弊大于利。

110 怎样给宝宝吃蛋类？

宝宝在4~6个月大开始加辅食的时候，就可以吃鸡蛋了，那么，具体该怎么操作呢？

加鸡蛋先由蛋黄开始。将煮熟的鸡蛋剥去皮，去蛋清，取蛋黄，开始时可将1/4个蛋黄用少量水研碎食用，约1周以后逐渐加至1/2个，接着是3/4个，最后到1个。蛋黄可以拌在米粉中吃，也可以用富含维生素C的鲜果汁调味，这样更有利于蛋黄内铁的吸收。

初次添加蛋黄时，要观察宝宝吃过后皮肤有无出现皮疹、荨麻疹、呕吐等过敏现象，如果有以上现象出现，就要停止添加蛋黄。需要注意的是，宝宝1岁前不宜吃蛋清，这是因为婴儿的消化系统发育尚不完全，肠壁很薄，通透性很高，而鸡蛋清中的蛋白分子小，可以直接透过肠壁进入宝宝的血液中，易引起一系列过敏反应或变态反应性疾病，如湿疹、荨麻疹、喘息性支气管炎等。

蛋黄和蛋白各有营养，1岁以后的宝宝应蛋黄、蛋白都吃，不可偏食。一般来说，1岁后的宝宝每周吃2~3个鸡蛋就足够了，超出这个量，蛋白质、胆固醇等摄入太多，对宝宝身体有害无益。

需要指出的是，宝宝不宜吃煎炸鸡蛋。因为在煎鸡蛋和炸鸡蛋时，蛋被油包住，高温的油会使部分蛋白焦糊变性，含有的氨基酸受到破坏，失去营养价值，食用后在口腔和胃内还不易和消化液接触，影响消化。

111　怎样给宝宝喂水果？

宝宝辅食中水果是非常重要的内容，那么，1岁以前的宝宝怎样吃水果呢？

（1）食用方式。

①喝新鲜果汁。

选择新鲜、成熟的水果，如柑橘、西瓜、苹果、梨等，洗净后去皮，

把果肉切成小块，或直接捣碎放入碗中（先去果核），然后用汤匙背挤压果汁或者用消毒纱布挤出果汁，也可用榨汁机取果汁。这种果汁适合任何月龄的宝宝。

②挖果泥。

4至5月大的婴儿即可吃果泥。先将水果洗净，然后用小匙刮成泥状。最好随吃随刮，以免氧化变色，也可避免污染。

（2）食用时间。

水果通常安排在两餐之间，或是中午午睡醒来之后，在餐前及饱餐之后都不适合给宝宝食用水果。

（3）食用量。

每次给宝宝的适宜水果量为50~100克，吃得太多容易影响宝宝正餐的食量。有一些水果尤其要注意不能过量。

112 宝宝为何不宜多吃菠萝？

菠萝营养丰富，含有大量果糖和葡萄糖，几乎含有人体需要的所有的维生素和大部分的矿物盐，味道鲜美，香甜多汁，具有清热解暑、生津止渴、开胃消食、祛湿利尿之功效，是医、食俱佳的时令水果，因此深受孩子们的喜爱。

菠萝好处虽多，但菠萝里有三种不好的成分，可能给宝宝带来麻烦。

（1）菠萝中含有多种“生物甙”，对人的皮肤、口腔黏膜有一定刺激性，所以吃了未经处理的生菠萝后会导致口腔发痒。

（2）菠萝中的“5-羟色胺”可以使人体血管和平滑肌强烈收缩、血压升高，从而导致头痛。

（3）菠萝中含有“菠萝蛋白酶”，少数人对这种酶有过敏反应，食菠萝后15~60分钟会出现腹痛、恶心、呕吐、荨麻疹（俗称风疹块）、头痛、头晕等症状。严重的还会发生呼吸困难及休克。

113 宝宝为何不宜多吃荔枝？

荔枝果肉除含丰富的果糖，还含有蛋白质、脂肪、维生素C、柠檬酸、果胶和磷、铁等。荔枝对补血健肺有特殊的功效，对血液循环有特殊的促进作用，所以荔枝可当作食疗品以滋补身体。

但是，过量进食荔枝可以引发“荔枝病”。主要表现为“低血糖”，短时间暴食荔枝后，肝脏不能及时将大量果糖转化为葡萄糖吸收，因此血液中果糖浓度明显升高，并从尿中排出体外。经过一夜，血液中的葡萄糖浓度下降，因此出现低血糖症状：多发生在清晨，患儿大量出虚汗、口渴、恶心、头晕、眼花、面色苍白、四肢冰凉、乏力；严重的出现昏迷、抽搐、脉搏细速、瞳孔缩小，如果得不到及时抢救，可能发生休克，严重者可危及生命。

114 宝宝为何不宜多吃杏?

从营养学角度来说，杏的钙、磷、铁、蛋白质含量在水果中都是较高的，并含有较多的抗癌物质。

中医认为，杏属于热性食物，有小毒，吃多了会伤及筋骨，引起旧病复发。一次食杏过多，还能引起邪火上炎，使人流鼻血、生眼疾、烂口舌，还可能引起生疮长疖、拉肚子。现代营养学则强调，鲜杏里较强的酸性会使胃里的酸液激增，引起胃病。此外杏的酸味使人“牙倒”，对牙齿不利，强酸味对钙质有破坏作用，对宝宝骨骼发育有可能造成影响。

115 宝宝为何不宜多吃芒果?

芒果集热带水果精华于一身，被誉为“热带水果之王”。芒果营养价值颇高，而且胡萝卜素含量特别高，有益于宝宝视力发育。

芒果中还含有一种叫芒果甙的物质，有明显的抗脂质过氧化和保护脑神经元的作用，能延缓细胞衰老、提高脑功能。中医认为芒果有益胃、止呕、止晕的功效。

但是，芒果中含有的刺激性物质比较多，对皮肤黏膜有很大的刺激作用，芒果过敏一般发生在接触到芒果而未及时清洗的部位，出现颜面部皮疹、口唇红肿、口周发痒，伴有嘴唇、舌、咽部灼热感、发麻等过敏现象，甚至四肢出现皮疹，其痒难忍，相当痛苦。而宝宝的皮肤都很薄、很嫩，特别容易受到刺激，如果处理不当将会出现水泡和糜烂。有哮喘、过敏史的儿童，吃了芒果极易诱发旧病。

116 宝宝为何不宜多吃桑葚？

桑葚的营养丰富，含有大量葡萄糖、果糖、多种维生素和矿物质以及柠檬酸、苹果酸、鞣酸、果胶和珍贵的“花青素”等营养物质。花青素能够改善视觉敏锐度和夜盲症。中医认为桑葚具有生津止渴、养心益智、补血滋阴、润肠燥的功效，所以桑葚是既可入食也可入药的水果佳品。

然而，桑椹含有大量的消化酶抑制物，使肠道的消化酶不能破坏某些细菌的毒素而引起出血性肠炎，表现为大量进食桑椹后，出现面色青灰、口唇干燥、皮疹、喉咽肿胀、胸闷烦躁、恶心、呕吐、腹痛、腹泻、腹胀、大便呈果酱样、四肢发凉等症状，严重时因出血性肠炎导致血压下降、脱水、休克危及生命。

117 怎样给宝宝加肉类辅食？

世界卫生组织和联合国儿童基金会颁发的“婴幼儿喂养指导原则”中推荐，在宝宝辅食添加过程中，6 个月后每天应逐渐添加肉类辅食。

肉类蛋白质含量丰富，刚开始时应从单个品种开始，少量添加，逐渐增加品种，如选择新鲜、无污染的鱼虾。烹调方法尽量简单，以清蒸为好，不要添加任何调味品。有的家长喜欢给孩子喂食各种汤，如鱼汤、鸡汤、鸭汤、肉汤等，但如果孩子只喝汤、不吃肉，就把绝大部分营养素都丢失了。因此，主要给宝宝食用肉而不是汤。

118 为什么不满周岁的宝宝暂不能吃调味品？

1岁前的宝宝是不建议吃调味品的，因为1岁前是宝宝味觉形成的关键时期，如果加入调味品，如酱油、味精等（这些调味品成分均以钠为主），刺激了味蕾，宝宝就很难适应口味清淡的食物了。众所周知，高钠饮食是造成成年后高血压的十分重要的因素，所以，饮食清淡对人一生的健康都是有益的。1岁以后宝宝可以逐步尝试加入调味品，但是3岁前每日摄入的盐量不要超过2克。

119 为什么不满周岁的宝宝暂不能喝豆浆？

1岁前的宝宝不建议饮用豆浆，虽然豆浆富含不饱和脂肪酸、大豆皂甙等营养物质，对女性人群尤其适合，但是未满周岁的宝宝肠胃功能不完善，对上述营养难以消化，而且豆浆中含有的植物蛋白会加重宝宝肾脏负担，并可诱发宝宝的过敏反应。因此，1 岁前的宝宝不宜饮用豆浆，1 岁之后随年龄增长可以适量饮用。

120 宝宝多大可以吃蜂蜜？

目前国内和国际上的营养专家对宝宝吃蜂蜜的看法基本相似：1 岁以前的宝宝不能食用蜂蜜，1 岁以后的宝宝有特殊需要时可以吃一点。

蜂蜜在酿造、运输与储存过程中，易受到肉毒杆菌的污染。宝宝由于抵抗力弱，食入的肉毒杆菌会在肠道中繁殖，并产生毒素，而宝宝肝脏的解毒功能又差，所以容易引起肉毒杆菌性食物中毒。

食用蜂蜜中毒的宝宝会出现哭声微弱，吸奶无力，呼吸困难甚至瘫痪。小于 6 个月的婴儿更容易感染此病。中毒症状常发生于吃完蜂蜜或含有蜂蜜食品后的 8~36 小时，症状常包括便秘、疲倦、食欲减退等。

虽然宝宝发生肉毒杆菌感染的几率很小，但医生还是建议：在孩子满1岁以前，不要给他吃蜂蜜及其制品。另外，父母在购买蜂蜜时一定要到正规商店购买，不要去蜂场购蜜，因为有时蜜蜂采集了有毒植物的花粉，所酿之蜜就含有毒素，人吃了会导致中毒。

另外，蜂蜜中还可能含有一些雌性激素，如果长时间食用，可能导致宝宝提早发育，所以即使是1岁以上的宝宝，也不能毫无限度地吃蜂蜜，偶尔作为调味品加一点还可以。10岁以后，对蜂蜜的限制就可以放宽，基本能和成人一样食用蜂蜜了。

121 宝宝怎样吃水产品?

在给宝宝吃海产品时，家长一定要注意以下几点：

(1)生海鲜含有细菌，宝宝吃生鱼片一定要适量和谨慎。

海鲜中的病菌主要是耐热性比较强的细菌，烹调温度需要达到80℃以上才能杀灭。海鲜中还可能存在寄生虫卵，一般来说，需要在沸水中煮4~5分钟才能彻底杀菌。因此，宝宝在吃生海鲜时一定要谨慎。在食用前，妈妈需要仔细检查生海鲜的新鲜度。即使是新

鲜的生海鲜，宝宝也仅限于尝鲜，一定不能大量食用。

（2）死河蟹一定不要食用。

河蟹大多生长在污浊的河塘，喜欢吃水中死鱼、死虾等腐败的动物尸体，因此身体内外沾染大量的病菌。活的河蟹可以通过体内的新陈代谢将细菌排出体外。一旦死亡，河蟹体内的细菌就会大量繁殖，有的细菌还会产生毒素。宝宝吃了这样的螃蟹就会引起食物中毒，常见的表现有恶心、呕吐、腹痛、腹泻；严重者还可导致脱水、电解质紊乱、抽搐，甚至休克、昏迷、发生败血症等严重后果。

（3）冰鲜海蟹也是死蟹，为什么可以吃？

海蟹生活在水域比较宽阔的大海里，食物一般也比较新鲜，加之海水里有盐，具有一定的杀菌作用，所以海蟹死后相对保鲜时间长些。

122　酸奶和牛奶有什么区别？

酸奶是以牛奶为原料，经过巴氏杀菌后再向牛奶中添加有益菌（发酵剂），经发酵后，再冷却灌装的一种牛奶制品。酸奶的发酵过程使牛奶中部分营养物质被水解成为小的分子，使奶更易消化和吸收，各种营养素的利用率得以提高。除保留了鲜牛奶的全部营养成分外，在发酵过程中乳酸菌还可以产生人体营养所必需的多种维生素。

123 宝宝多大可以喝酸奶?

建议宝宝1岁以上再开始喝酸奶。宝宝1岁以内胃肠道系统发育尚不完善，不易对酸奶消化吸收。宝宝饮用酸奶需要注意以下几个问题：

(1)科学区别含乳饮料和酸奶。含乳饮料的蛋白质成分比较低，所以千万别把含乳饮料当成酸奶给宝宝喝。妈妈在为宝宝选购酸奶时要注意看一下包装，一般来讲含乳饮料蛋白质的含量大于1%,而酸奶通常大于3%。

(2)2岁以前的宝宝主要还是要以配方奶为主，酸奶是在配方奶的基础进行补充。每天的量在150ml左右。

(3)饭后2小时左右饮用。如果在空腹时喝酸奶，乳酸菌就会很容易被胃酸杀死，酸奶的营养价值和保健作用就会大大降低，所以要在饭后2小时左右喝酸奶，这时胃液被稀释，PH值上升到3~5,这种环境很适合乳酸菌的生长，保健效果最佳。

(4)不要加热。酸奶中对人体有营养保健作用的乳酸菌和其他大多数细菌一样怕热，超过70℃时就很可能被杀灭，而失去其应有的营养价

值。因此，乳酸菌奶在食用前最好不要加温，这样既可保持其营养成分，又可尝到乳酸菌奶所特有的风味。但如果天气过于寒冷或是较小的宝宝食用，可以把乳酸菌奶瓶放在温水盆内几分钟进行加温，水温不宜超过正常人的体温，否则就会降低乳酸菌奶的营养价值。

124 宝宝不爱吃饭怎么办？

儿童保健体检时，有一部分宝宝体重、身高是不达标的，这些宝宝的父母们反映最多的就是吃饭问题。如果宝宝长期不爱吃饭，就可能造成营养缺乏，最终影响生长发育。因此，在喂养宝宝的过程中，建议家长注意以下几点：

（1）良好的就餐和饮食习惯必须从小养成，在宝宝还不会走路时就固定餐桌、餐位，愉快进餐，长期坚持就会形成行为定势。

（2）避免饭前剧烈运动，否则可造成胃肠道痉挛，宝宝容易肚子疼。

（3）安静进餐，不要边吃饭边玩，或者边看电视边吃饭。

（4）如果宝宝实在不想吃，说明他（她）确实不饿，不要勉强，强迫进食反而容易使宝宝厌食，所以，尽量不要以强迫的手段让宝宝进食，而应该以鼓励或引导的方式让宝宝感到吃饭是一种享受。

（5）用餐前尽量不要让宝宝吃零食，尤其是甜点心、巧克

力、冰激凌等，要让宝宝保持饥饿感，从而渴望吃饭。

父母要多花一些时间了解幼儿营养方面的知识，以轻松与理解的态度，培养宝宝的饮食行为习惯，在配合身心发展的状况下，提供营养丰富且色香味都诱人的可口饭菜，使孩子的营养摄取达到均衡，并喜欢自己安静进餐，养成良好的饮食行为习惯。

125 为什么宝宝不宜多吃甜食？

甜食摄取过多易引起肥胖症，诱发糖尿病，产生龋齿，还会影响神经活动和智力。吃过多甜食易使儿童产生注意力不集中、情绪不稳定、爱哭闹、好发脾气等现象，专家们将这种症状称为“甜食综合征”，又叫“儿童嗜糖性精神烦躁症”，这种病症直接影响着小儿的生长发育、生活和学习，要避免“甜食综合征”，关键是要控制宝宝对甜食的摄取量。

（1）甜食综合征的病因。

主要是因为糖摄取过多，宝宝身体对糖的利用不完全，产生了较多新陈代谢的中间产物，这类物质影响了大脑中枢神经系统的活动。孩子生来爱吃甜味食物，如今含糖的点心、饮料、水果等越来越多，不少家长对宝宝百依百顺，只要想吃就给，不加合理控制，造成孩子吃糖太多。

另外，宝宝吃甜食过量会变成“小胖子”，因为蔗糖在体内吸收速度快，很容易转化成脂肪贮存起来，所以吃糖过多，

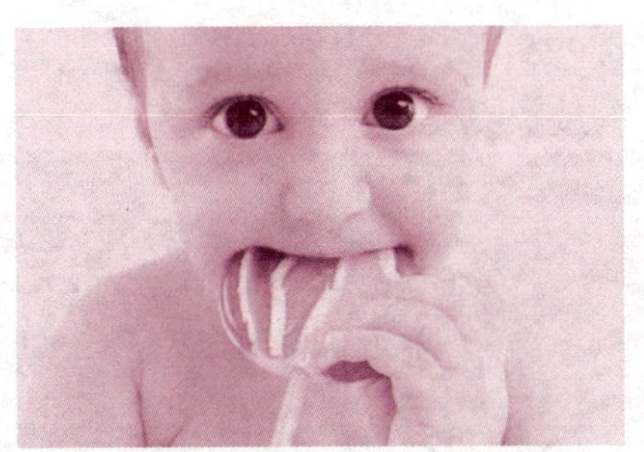

又不愿意运动的话，自然容易变成小胖子了。科学家还发现，糖除了提供热能以外，并不是什么很好的营养品，营养学上称糖为“空能量”食物。吃太多糖会影响宝宝正常的食欲，导致蛋白质等其他营养物质摄取不足，从而出现营养不良，影响宝宝的生长发育。

（2）应对和预防措施。

如果孩子已患上“甜食综合征”，也不要过于紧张，只要控制甜食量，症状便能很快消失。预防“甜食综合征”，要从婴幼儿起控制吃糖，不能让孩子养成偏爱甜食的习惯。做到吃饭前后、睡前不吃甜食，每天进食糖量不超过每千克体重0.5 克。平时多吃一些富含维生素 B1 的食物，如糙米、豆类、苹果、动物肝脏、瘦肉之类。宝宝 1 岁前，所有加糖或加人工甘味的食物都要尽量少吃。

（3）健康食品代替甜食。

①新鲜水果或杏、苹果、梨之类的果干。

②用纯果汁、牛奶、酸奶和水果制成的奶昔。

③芝麻吐司面包。在全麦面包上涂上薄薄一层黄油，撒上芝麻和少许糖，放进烤箱里烘烤即可。

④全麦苏打饼或米饼，涂上花生酱或奶酪。不过，最好

等孩子 3 岁以后，再开始给他吃花生酱，因为在少数情况下，花生酱可能会引起小宝宝的过敏反应。

图书在版编目(CIP)数据

育儿百科 /《育儿百科》编委会编 . — 北京 : 中国书籍出版社 , 2015.8
(科普知识大百科 . 生活百科卷)
ISBN 978-7-5068-5133-6

Ⅰ . ①育… Ⅱ . ①育… Ⅲ . ①婴幼儿 — 哺育 — 基本知识 Ⅳ . ① TS976.31

中国版本图书馆 CIP 数据核字(2015)第 208844 号

育儿百科

本书编委会 编

责任编辑 李 静
责任印制 孙马飞 马 芝
封面设计 管佩霖
出版发行 中国书籍出版社
地 址 北京市丰台区三路居路 97 号(邮编: 100073)
电 话 (010)52257143(总编室) (010)52257153(发行部)
电子邮箱 chinabp@vip.sina.com
经 销 全国新华书店
印 刷 青岛新华印刷有限公司
开 本 787 毫米 × 1092 毫米 1/32
字 数 93 千字
印 张 4.875
版 次 2016 年 1 月第 1 版 2016 年 1 月第 1 次印刷
书 号 ISBN 978 - 7 - 5068 - 5133 - 6
定 价 18.00 元